新媳妇
理财枕边书

理财是一种生活方式

安子 著

湖南科学技术出版社

图书在版编目（CIP）数据

新媳妇理财枕边书 / 安子著. -- 长沙 : 湖南科学技术出版社, 2011.6

ISBN 978-7-5357-6703-5

Ⅰ. ①新… Ⅱ. ①安… Ⅲ. ①家庭管理：财务管理－基本知识 Ⅳ. ①TS976.15

中国版本图书馆 CIP 数据核字(2011)第 086759 号

新媳妇理财枕边书

著　　者：安　子

责任编辑：杨　旻　李文瑶　周　妍

出版发行：湖南科学技术出版社

社　　址：长沙市湘雅路 276 号

http://www.hnstp.com

邮购联系：本社直销科　0731-84375808

印　　刷：长沙市富洲印务有限责任公司

（印装质量问题请直接与本厂联系）

厂　　址：岳麓区银太俱乐部内

邮　　编：410013

出版日期：2011 年 8 月第 1 版第 1 次

开　　本：880mm×1230mm　1/32

印　　张：5

字　　数：114000

书　　号：ISBN 978-7-5357-6703-5

定　　价：23.80 元

前言

随着女性收入的提高，“新媳妇”逐渐成为家庭生活的主力，她们的薪水占了家庭收入的半壁江山，她们的社会地位也绝不逊于自己的另一半，然而，她们上有老下有小，中间有老公，在职场和家庭之间奔波的她们，不仅是忙碌的夹薪族，还是辛苦的“新媳妇”。那么，如何能够让自己的生活越来越轻松，如何能够让自己的家庭越来越幸福？幸福家庭的基础，是丰厚的物质、稳固的感情。那么，“新媳妇”们，不妨带着一家老小学学理财，这样，不仅可以在学习中加深感情、巩固家庭，还能够获得物质回报、理财收获，这样一箭双雕的幸福策略，“新媳妇”决不能错过。带着一家老小学理财吧，保证能够让“新媳妇”你小日子一天比一天富足，小家庭一天天蒸蒸日上。

这是一本能够帮助“新媳妇”带领一家老小学理财的工具书！本书将指引“新媳妇”踏实务实的教会全家如何理财，带领全家走上理财之路。

上有老、下有小的“新媳妇”，如何能够突破生活重围，带领全家一起减压增富？

父母老了，“新媳妇”准备好了么？如何帮助父母，在退休后的二、三十年里，拥有更好的生活质量，拥有更稳妥的财富基础？进到做儿媳做女儿的责任？协助父母，打造最完美的退休生活？

孩子在一天天的长大，吃不穷、穿不穷，算计不到就受穷，所谓的算计，也就是理财。如何从小培养孩子的理财观念，让他们在理财中快乐成长，把理财作为终身的生活重点？

如何让心爱的那个男人，跟着你一起理财，一起打造幸福生活的牢固根基？

面对以上四重难题，身负三代经济重担的新媳妇，如何才能突破生活重围，带领全家一起理财成功呢？

目录

第一章 做个理财有道的新媳妇

第二章 新媳妇的十佳理财妙招

第五章 理财要从娃娃抓起

第 1 章

Chapter 01

做个理财有道的新媳妇

第一章　做个理财有道的新媳妇

在这个日新月异的经济社会，女性在社会、家庭中的地位不断提高。越来越多的女性成为职场的中流砥柱，家庭的中坚力量。不过，想让日子过得一天比一天好，生活蒸蒸日上，并不是简单地求高职、挣高薪能够实现的！新媳妇努力工作挣得一份好薪水，固然可以替老公撑起半边天，但相较之下，整个家庭的幸福无忧，才是新媳妇的终极目标。那么，怎样才能做一个新时代的好媳妇，怎样才能保证整个家庭幸福无忧呢？那就不仅要“新好”，还要“财好”。做个理财有道的新媳妇，把理财当成一种生活习惯，选择可以让自己、让家庭致富的生活方式，建造家庭财务的诺亚方舟，才能最终实现自己和家人的幸福生活，保证自己和家人“钱”途无限，幸福无忧。

第一节　新媳妇不仅要“薪”好，还要“财”好

高薪并不能够使你致富。只是有好的工作，有好的收入，并不能代表就有财富。

——美国著名财商教育专家、《穷爸爸富爸爸》作者罗伯特·T·清崎

新时代，新女人，新独立，新地位。不过，新媳妇千万别以为有了支撑独立的高薪水、带来地位的高职位就可以高枕无忧，就可以称得上是新时代的好媳妇。在“月光族”中，不乏高薪人士，他们的日子照样过得紧巴巴的，所以，要做个新时代的好媳妇，不仅要“薪”好，还要“财”好。

新媳妇的“一生耗财”有多少？

人的一生，始终在不断地追求美好的生活，每个人在生活中，都逃脱不了一样东西的束缚，那就是钱。而对新媳妇来说，钱更重要，因为媳妇们不仅要争做时代新女性，出外谋职挣钱养家，以满足自己的衣食所需，还要倾尽全力理好家财，最大限度提高全家人的生活水平。那么，作为一个新媳妇，从结婚到年老，究竟要消耗多少金钱呢？

让我们先按照中国中等城市的生活水平，来计算一下新媳妇的“一生耗财”。

一套70平方米左右的两居，从购买到装修，大约需要花费50万元。一辆中等档次的家用汽车，大约需要15万元，而家用轿车的平均使用年限在15年左右，所以，一位新媳妇从22岁大学毕业参加工作到55岁退休，基本需要购置两辆家用汽车，加上每年的养路费、保险费、维修费、汽油费，至少需要花费60万元。而抚养一个孩子，从其出生到大学毕业，按照普通的生活标准和教育水准，至少需要花费30万元，这还不包括送孩子出国留学，为孩子请钢琴、绘画、舞蹈、球类等各种特长教师所需要的特殊的教育消费。再加上如果要赡养4位老人，按照每位老人每个月500元的基础生活消费，每位老人以目前的平均寿命75岁来计算，从55岁退休到75岁，20年4位老人的基本消费是48万元，这还不包括重大疾病的医疗费用。最后是新媳妇自己和先生的日常生活消费，从新媳妇25岁结婚到新媳妇和先生75岁时为止，按照每个人每个月1000元的基础生活消费，至少也需要120余万元。以上加起来，新媳妇从22岁大学毕业到75岁，至少要消费50+60+30+48+120=308（万元）。也就是说，新媳妇的“一生耗财”最少是300万元。假设夫妻双方平均分担，在一个中等城市，一个中等生活水平的新媳妇，至少将要承担150万元的“一生耗财”。

这还是最基础的生活耗财，要想生活富足、优越、小资，要想让孩子接受更好的教育，让老人享受更舒适的生活，新媳妇们至少还要承担高出一倍的“耗财”。所以，新媳妇们必须尽早做好家庭财务规划，制订一生理财计划。

薪好≠财好。

高薪，并不意味着可以高枕无忧。

美国著名财商教育专家罗伯特·T·清崎在《穷爸爸富爸爸》一书中曾这样写道：“高薪并不能够使你致富。只是有好的工作，有好的收入，并不能代表就有财富。”为什么薪好不等于财好呢？

究其原因，主要有以下三点：

第一，新媳妇即便挣得高薪，但在存入自家“银库”之前，必定要留出一部分用作日常消费，经过这样的“脱水”，其高薪必定会减少一些。

第二，在日常消费之外，新媳妇难免还会有一些任性的挥霍和冲动的消费，这些支出常常是其“薪好财不好”的罪魁祸首。

第三，通货膨胀直接导致高薪缩水。通胀不可避免，而且随着时间的叠加，呈现复数效应。也就是说，假设通货膨胀率为3%，那么，即使是1万元的月薪，在1年后的购买力，仅仅相当于原来的0.97，2年后仅仅相当于原来的0.94，而20年后只相当于20年前的0.54。近年来，随着世界各国消费者物价指数即CPI的不断攀升，人们的日常支出越来越多，生活用品越来越贵。不说疯涨的房价，就连蔬菜的涨幅，都让普通市民心惊肉跳，即便是投资大师巴菲特都将通货膨胀视为公司盈利的最大敌人。

消费者物价指数（Consumer Price Index），英文缩写为CPI，是反映与居民生活有关的商品及劳务价格统计出来的物价变动指标，通常作为观察通货膨胀水平的重要指标。

所以，薪好并不等于财好，面对无可缩减的日常支出，面对自己不良的消费习惯，面对你绝对跑不赢的CPI，新媳妇要想高枕无忧，就必须想尽办法。那么，除了谋求好职位、努力工作力求加薪之外，新媳妇还有什么更好的办法可以让自己“财好”起来?

方法只有一个，那就是理财。

什么是理财?

通俗地讲，理财就是以“管钱”为中心，主要抓好攒钱、生钱、护钱这三个环节，管好现在和未来的现金流，让资产在保值的基础上实现稳步、持续的增值，让自己口袋里什么时候都有钱花。

从经济学角度讲，理财就是一种为达到某种价值利益而进行的经济活动，只要你的本金在未来能够增值或者获得收益，那么你为这份增值或者收益所进行的所有活动，都可以叫做理财。

在经济学中，理财分为消费理财和投资理财两个方面。

如果你手上有1000元闲钱，你可以在周末带全家出去游玩，然后到酒店大吃一顿，带领大家过一个愉快的周末；你也可以将这1000元钱存入银行，等到5年后获得利息；你还可以将这1000元钱买成股票或基金，等待分红或升值；你还可以用这1000元钱，从古玩市场买入字画，等待增值；甚至还可以参股朋友所开的小店，分得利润。上述第一种情况，就是花掉现有的金钱，通过消费获得享受，如果在消费过程中，你通过节省支出，实现了这1000元钱的效能最大化，就是消费理财。后面几种情况属于放弃现有消费，通过投资以期获得更多的金钱，如果在投资过程中，你正确决断，实现了这1000元钱的效能最大化，就是投资理财。投资理财的范围很广，在金融市场上进行的各种和资产有关的活动，如存款，购买债券、股票、基金、外汇、期货等。以及在实物市场上进行的各种有形资产的买卖，如买卖房地产、金银珠宝、邮票、古玩等，或者投资实业，如投资个人店铺、小型企业等，都属于投资理财。

人的一生，从出生到幼年、少年、青年、中年，直到老年，各个时期都离不开“钱”。新媳妇的“银库”必须充实，才能应对各种生活需求。而理财的最终目标，是实现“财好”，即达到财务自由，满足个人的五种基本生活需求，让一家老小生活无忧。

Tips1：提高生活水平的需求。每个人都希望越过越好，从租房到自己买房，从没车到有车，从普通汽车到高级汽车，这是人们的普遍愿望，要提高生活水平，没钱不行。

Tips2：赡养父母的需求。赡养父母是每个人应尽的义务，在有些家庭，父母有稳定的养老金，有社会保险和医疗保险，这样的家庭，新媳妇的财务负担相对较轻，但更多的家庭，父母并没有稳定的收入和医疗保险，需要儿女们提供财务支持，所以新媳妇只有“财好”，才能够满足父母的生活需求和医疗需求。

Tips3：抚养子女的需求。孩子是家庭的希望，孩子一出生，家庭的支出就会相应增加。新媳妇在生育和哺乳期间，薪水必然会减少，而家庭支出却会因为婴儿的降临而增长，所以，新媳妇只有“财好”，才能够轻松育儿。

Tips4：自我养老的需求。怎样安度晚年，是所有人都要面对的问题，新媳妇要想自己的晚年幸福无忧，就必须在年轻时未雨绸缪，多留一点积蓄，应对自己的养老需要。

Tips5：就是应对意外的需求。人们常说“天有不测风云，人有旦夕祸福”，人的一生，难免会遭遇意外、疾病和事故，只有积极理财、储蓄资金、转嫁风险，才能防患于未然。

第二节　把理财当成一种生活习惯

播下一个行动，收获一种习惯；播下一种习惯，收获一种性格；播下一种性格，收获一种命运。

——著名心理学家威廉·詹姆士

想要一家老小生活无忧，新媳妇就要做到“薪”、“财”两好。薪好，在于个人的天赋与职场上的努力；财好，则为理好财。理好财，并非一蹴而就，而是需要媳妇们在生活中点滴积累，努力提高自己的财商，合理进行消费理财和投资理财，把理财当成一种生活习惯。当理财成为一种习惯之后，“财好”也就水到渠成了。

提到理财，很多新媳妇都会这样说，“我一要照顾全家人生活起居，二要学习与新婆婆打交道，哪里还有时间去理财”、“我只有挣钱的时间，没有理财的时间”……难道理财真的很耗时么？难道新媳妇们真的连每天10分钟的时间都没有么？不，没有时间理财，只不过是新媳妇们偷懒的一个借口罢了。

理财，其实并不是一件费心费神的事情，它是一种习惯。新媳妇们所缺乏的，正是这种良好的生活习惯。我们的生活，被各种各样的习惯所左右，工作是一种习惯，勤奋也是一种习惯；节约是一种习惯，浪费也是一种习惯；无序是一种习惯，理财也是一种习惯。不好的习惯会毁掉幸福，而好的习惯则会成就人生。著名心理学家威廉·詹姆士曾说过："播下一个行动，收获一种习惯；播下一种习惯，收获一种性格；播下一种性格，收获一种命运。"新媳妇们应该及早确立理财目标，培养理财习惯，才能收获真正属于自己的财富人生。

有研究表明，培养一个习惯至少需要 3 个月的时间，在这 3 个月里，第一个月最重要，它是习惯的形成期。所以，新媳妇一定要从以下八个方面开始，坚持 3 个月，并且在 3 个月里严格要求自己。

第一个方面，培养勤俭节约的好习惯。

已故香港华懋集团主席龚如心，在世时是亚洲最富有的女人，曾被英国媒体称为"财富 5 倍于英国女皇的女人"，身价高达千亿美元，但她在日常生活中却非常节俭，不讲究排场更不讲究吃穿。龚如心每月的生活开支不足 3000 港元，也就是 2500 元人民币左右，她乘坐的轿车极为普通，她的一日三餐更是家常，即便外出办事，也只吃肯德基和麦当劳快餐，偶尔在餐馆用餐，吃剩的饭菜，她总会打包带回家。和龚如心一样，世界级富豪李嘉诚、洛克菲勒和巴菲特，也都极为节俭。富豪们尚且如此，我们又有什么理由拒绝养成勤俭节约的好习惯呢？

也许有的新媳妇会说，"钱是挣出来的，不是省出来的"，可事实上，钱既是挣出来的也是省出来的。财富的来源，简单地讲就是两个字——理财，展开来讲就是 12 个字——勤俭节约、积极储蓄、不断投资。所以勤俭节约是首先必须养成的好习惯。

记者采访了一位亿万富翁："听说您是因为节俭而致富的，是这样的么？"富翁笑了："我从没听说过，这个世界上会有人因为节俭而致富。"记者怔住了。富翁接着说："节流而不开源，顶多只能拥有半潭死水；守业而不创业，顶多只能保住一片祖产，如何能致富呢？所以只有勤俭致富，而无节俭致富，一字之差，差之远矣！"

所以，勤俭节约，不仅仅是中华民族的优良传统，还是新媳妇的致富之道。习惯决定命运，可是好习惯的养成，还需要长期的培养和坚持，所以，要从点滴做起，多加一会儿班，少逛一次街；多工作一天，少休息一天；多学习一点，少消费一点。养成勤俭节约的好习惯，才能够积少成多、蒸蒸日上。

第二个方面，培养计划消费的好习惯。

新媳妇花钱，一定要有计划，无论是结婚、买房、买车，还是生育、教子、养老，都要计划先行、量入为出，这样才不会入不敷出、捉襟见肘。计划消费还能帮助新媳妇们控制冲动消费，实现理性消费。很多新媳妇逛街，都无具体目的，随逛随买，逛到最后，买了一大堆并不真正需要的东西，而原本在出门前想买的东西，却常常忘了去买。所以，新媳妇每次逛街，哪怕只是去趟超市，也应该做好计划，把想要购买的物品列明清单，进入商场或超市后，直奔主题，买完回家。这样，就可以避免无度消费，节省了开支。

第三个方面，培养每日记账的好习惯。

许多新媳妇都有记账的经历，但大多都是三分钟热度，坚持不了多久。要想理好财，就要记好账，把家庭收入和支出都以书面形式记录下来，这样就可以很清楚地知道，钱打哪儿来，到哪儿去。通过记账，新媳妇们还可以充分掌握家庭的收支状况，不断调整家庭的财务计划，督促实施家庭的理财目标。为了便于记账，在购物时，新媳妇们一定要记得索要发票。留存消费发票，不仅可以根据发票核算账目，还可以根据发票核对和退换商品。

第四个方面，培养学习理财的好习惯。

学习理财知识，增强理财意识，可以让新媳妇们少走理财弯路，尽快成功理财。当下，很多骗子以投资的名义进行诈骗，比如2007年亿霖造林的投资骗局，再比如一些产权酒店、产权公寓的投资骗局，这些骗局之所以吸引人，就是因为骗子们许诺给投资人每年30%~40%的高额回报。如果稍有理财知识，就会知道连世界投资大师、股神巴菲特，在过去的45年里，平均的年投资回报率也只有20%，所以所谓30%~40%的高额回报，根本就是一个骗局。因此，新媳妇们如果养成了学习理财知识的好习惯，就会对各种投资理财的知识有所了解，就能够擦亮眼睛，谨慎理财。

第五个方面，制定明确的理财目标。

要养成理财的生活习惯，就要有明确的理财目标。小到每天的理财目标、每周的理财目标，大到当年的理财目标、十年的理财目标，乃至终生的理财目标，都要明确制定。所谓明确的理财目标，就是和金钱直接挂钩的一个数字、一个实物。“今天我要节约点”、“这个月我要少逛街”、“今年我要省钱”，都不算明确的理财目标，只有“本周的生活消费限定在200元之内”、“本月存款金额达到2000元”之类，才算明确的理财目标。

第六个方面，制作“习惯培养清单”。

要培养良好的理财习惯，就要学会制作“习惯培养清单”。所谓“习惯培养清单”，就是针对每天的习惯养成，记录下所有的努力和成果。记录每一个与习惯养成有关的行为，可以很好地督促自己把这种行为逐渐变成习惯；记录每一个与习惯养成有关的成果，可以很好地看到自己习惯养成的过程，树立养成习惯的信心。

第七个方面，养成坚持投资的好习惯。

新媳妇的工资再高，也是“死工资”，就算每年都加薪，财富增长的比率也抵不过股票、期货、房产等投资项目的投资回报率。所以，要想家庭财富像滚雪球一样不断增加，要想实现一生无忧的财富梦想，就要养成坚持投资的好习惯。中国国民党前主席连战，其家族富可敌国，连家投资理财的主要方向就是股票投资、土地投资、房产投资，并且坚持长线投资，持续几十年，终于达到了20%以上的年平均收益率，从而创造了富可敌国的理财神话。所以，新媳妇一定要养成坚持投资的好习惯，日积月累才能够成就财富之梦。

第八个方面，请亲人和朋友监督自己。

这是促使新媳妇们养成理财习惯的最有效的方法。亲人和朋友的监督，不仅可以给新媳妇们带来压力，还可以给新媳妇们带来动力。更有效的方法，就是新媳妇和亲人、朋友们一起，相互督促、相互鼓励、相互支持，培养理财的生活习惯，这样，习惯养成的过程就会更加迅速，更有乐趣。

第三节　新媳妇幸福一生理财计划

理财必须花长久的时间，短时间是看不出效果的。理财是马拉松比赛，而不是百米冲刺。

——杰出华人企业家李嘉诚

养成良好的理财习惯，是新媳妇成功致富的基础。那么，如何才能顺利理财，如何才能让理财成就新媳妇幸福的一生呢？一份长远的、全面的理财计划，是新媳妇必不可少的“生活伴侣”。把理财当作人生的习惯，让理财伴随自己和家人一生，新媳妇才能生活轻松，幸福一生。

要动员全家一起制订幸福一生理财计划，就要先培养全家人的理财意识。

新媳妇从和老公组建一个小家庭，走入家庭关系的那一天起，就要用自身的行动影响老公，培养他的理财意识。一般来讲，在结婚前，很多男人都不善于约束自己，抽烟、喝酒、打牌、上网是常有的事，这还不算，不少男人还对这样那样的事情极度上瘾，玩单反、玩吉普、玩滑翔……所以，很多男人并没有什么理财意识。因此，女人一旦从女友变成媳妇，就要致力于培养老公的理财意识，将大把的银子从老公的荷包里掏走，将大把的时间从男人的生活里夺走，让他不再大手大脚、吃喝玩乐，不再迷恋外面的世界，而是乐于和你一起学理财，一起享受家庭生活。

老年人一般思想保守，不懂理财，只知储蓄。在日常生活中，新媳妇要不断地向老年人灌输新鲜的理财观念，传授适当的理财方法。并且，新媳妇完全可以根据老人的理财特点，将部分家庭资金交由老人进行固定储蓄，这样不仅有助于增强老人的理财意识，还有助于提高老人对整个家庭的责任意识。老人也会因此感受到家庭的重视、儿女的重视，感受到自己对家庭、对儿女的重要性，从而对晚年生活更加满意。

而对孩子来说，理财完全是一件陌生的新鲜事，未来有一天，新媳妇做了母亲，就要注重培养孩子的理财意识，从点滴入手，循序渐进地进行引导。新媳妇培养孩子的理财意识，必备工具就是储蓄罐，先教孩子认识什么是钱，然后教其学会往储蓄罐里塞硬币，帮助孩子学会积少成多、积沙成塔。新媳妇还可以通过教孩子集邮、收集玩具、积攒废品等方式，培养孩子的兴趣，让孩子感受到理财的乐趣，从而养成良好的理财习惯。新媳妇还可以通过模拟实际的买卖行为，培养孩子的理财观念。在孩子对金钱有了一定的认识之后，新媳妇可以将家中一些小物品的购买，交由孩子去办理，比如买一袋盐、一袋醋、一瓶酱油等，让孩子在实际的买卖过程中，了解到金钱的重要性。等孩子初步具备了理财意识，新媳妇便可协助孩子订立自己的阶段性和长久性理财目标，并将孩子的目标归入家庭理财计划之中，最后动员全家力量，督促和帮助孩子去实现自己的理财目标。

对于新媳妇来说，最重要的理财搭档，还是自己的老公。新媳妇的工作能力和理财能力再好，也不能单打独斗，必须依靠老公，依托家庭，才能实现幸福一生的理财计划。所以，新媳妇在制订理财计划时，一定要和老公共同协商，动员老公一起实施。新媳妇要和老公一起，制订适合双方人生目标和理财目标的家庭理财计划；新媳妇还要拉老公一起学习理财知识、研究理财方法。当新媳妇自己和老公都有了充足的理财意识，两个人就会同心协力，共创佳绩，共达目标。在日常生活中，新媳妇可以将一些理财琐事交由老公去管理，比如记账、储蓄、交费、采购等，必将有助于老公理财意识的形成。

具备了理财意识后，接下来便要开始动员全家一起制订理财计划。

一个普通家庭的结构，就像一座“金字塔”，一个小宝贝，两个年轻人，四位老人。而无论孩子有无到来，新媳妇与老公都是整个金字塔的核心，既要担负赡养四位老人的义务，当孩子出生后又要承担抚养孩子的责任，生活压力巨大。所以，对新媳妇来说，动员全家一起制订一份切实可行的理财计划，不仅关乎自己的幸福，更关乎全家人的幸福。所谓“一个巴掌拍不响”、“齐力才能断金”，只有全家齐心协力，幸福一生理财计划才能正确制订、顺利实施。

如何制订一份完美的理财计划呢？

一份完美的家庭理财计划，是一份足以确保家庭中每个人都幸福一生的理财计划。新媳妇应动员全家一起来制订这份理财计划。

幸福一生理财计划，是在全面考察家庭收支状况，全面盘点家庭资产情况后，根据家庭的风险承担能力、家庭成员的人生偏好以及不同年龄段家庭成员的不同需求，确定的家庭理财目标，制定的合理的家庭投资理财方案。此外，理财计划在不同的家庭阶段是不同的，一定要制订出一份可以长期实施的，可以适应不同阶段的全面的家庭理财计划，才可以确保幸福一生。好的家庭理财计划，是一个全家齐心协力谋求幸福生活的理财方案，它应该包括以下六个方面的内容。

第一，确定每个人的人生目标。每个人都有自己的人生目标，家庭的整体幸福，是建立在每个家庭成员的人生目标得以实现的基础上的。而每个家庭成员人生目标的实现，都需要家庭提供的物质基础作保障，所以，每个家庭成员的目标确定下来，才能够相应地制订整个家庭的财富目标和理财计划。

第二，分析当前的家庭财产。分析当前的家庭财产，就是弄清整个家庭当下到底有多少物质财富，可以作为实现家庭财富目标的物质基础。分析家庭财产最简单的办法就是列表分析，按资产和负债，将家庭的主要资产和主要债务全部列出，最后算出财产总额。

第三，测算家庭未来的收入。根据家庭成员当前的收入水平和职业的发展趋势，估算家庭成员未来的工作收入、存款利息、资产增值和股息收入，四者相加，就是预期的家庭未来总收入。

第四，确定不同阶段的家庭理财目标。根据家庭当下的具体情况，制定不同阶段的家庭理财目标。比如，2 年内购车，5 年内购房，10 年后家庭资产达到一定的数额。新媳妇必须和家人一起，制定出切实可行的家庭理财目标，以确保未来的日子里，能够承担家庭的责任，成就各个阶段的幸福生活。

第五，进行家庭支出预算。在勤俭节约的基础上，满足合理的消费需求，是进行家庭支出预算的基本原则。计划支出、有序生活，是实现财富目标的重要保证，也是实现家庭幸福的基本措施。

第六，制定切实可行的家庭投资理财方案。理财目标确定后，新媳妇应和全家一起，认真研究各种类型的金融理财工具，比较不同理财产品的风险和收益，制定适合自己家庭的理财组合方案，以谋求家庭资产的最优增长，必要时，还可向金融机构的理财师们咨询。

总之，制订理财计划的目的，就是让全家人生活得更富足、更愉快，所以，新媳妇一定要把制订理财计划变成一项轻松愉快的家庭活动，培养全家人的理财意识，与全家人一起，轻松和谐地制订理财计划。人生最大的财富就是幸福，如果能够通过理财计划实现幸福一生，岂不是人生最大的成就？

第四节　理财如何起步：养成记账的好习惯

不能养成良好的理财习惯，即使拥有博士学位，也难以摆脱贫穷。

——美国理财专家柯特·康宁汉

做个新媳妇，不仅要力争薪水好，还要理好财，在家庭生活中，新媳妇们可以宽容、可以谅解、可以大度，但在钱的问题上，一定要精打细算，决不能“睁一只眼闭一只眼”。新媳妇理财起步，要从点滴做起。第一步，就是养成记账的好习惯，并坚持不懈地把账记下去。

记账的目的是什么？

说到记账，新媳妇们首先想到的，就是了解收支，看钱花在哪了，从而明白哪些是必要支出，哪些是可以节省的支出。没错！但这只是记账的基本目的。家庭理财，除了了解收支之外，还要更新财务观念、制订投资计划、实施家庭预算、确立理财目标。记账，正是家庭理财目标得以实现的基础，如果新媳妇们连日常的家庭收支都心中无数，那么家庭理财就成了无源之水，无本之木。

新媳妇记账，决不能半途而废。有超过85%的人，都曾经记过账，可是，大都没记几天就放弃了，这是因为他们缺乏良好的自我监督，缺乏固定的理财习惯，缺乏对记账目标的认真实施。三天打鱼，两天晒网是新媳妇记账的大忌。当然，再美的东西，都会有审美疲劳，何况记账本身就比较索然无味。那么，如何应对“记账疲劳”，将记账进行到底呢？答案就是：把记账变成一种习惯，变成一种像吃饭、睡觉一样的生活规律。

那么，如何养成记账的习惯？

在记账时做到以下三点，习惯就会成自然。

第一点，养成良好的自我监督习惯，提高自我约束能力，强迫自己去记账。第二点，养成固定的理财习惯，从点滴做起，坚持不懈。第三点，拟定明确可行的记账目标，这个目标包括收入和支出的预算，家庭储蓄计划和理财远景目标。以上三点做好了，新媳妇们记账，才能因为心有所愿而甘之如饴。

养成了记账的习惯，具体该采用怎样的记账方法呢?

新媳妇记账，一定要坚持科学的复式记账原则，决不能用“大概”、“基本”和“差不多”来应付。复式记账，贵在清楚，贵在明细，要求对支出和收入进行科学详细的记录，包括每一分钱的来源和去处，每一笔消费采取了何种付款方式，是刷卡消费、付现消费还是借贷消费，是针对某个家庭成员的支出还是整个家庭的生活支出，是经常性支出还是偶然性支出等。

下面，给新媳妇们介绍三种科学实用的，适用于家庭记账的复式记账法。

第一种，“三个抽屉”法。这里的“三个抽屉”，并不是指真实的抽屉，而是指按照收入、消费和储蓄三个类别进行记账。新媳妇们可以把每个月的家庭收入，全部记入“收入抽屉”，然后按照固定比例，分配到“消费抽屉”和“储蓄抽屉”中去。刚开始记账时，可能因为计划不合理、开支不固定，“消费抽屉”的钱常常会提前用完，然后不得不动用“储蓄抽屉”的钱。但只要提高节俭意识，逐渐延长“消费抽屉”里钱的使用时间，减少使用“储蓄抽屉”的次数和钱数，时间长了，“储蓄抽屉”就会越来越满，新媳妇们离记账目标就会越来越近。

第二种，多个信封法。这里的信封，也不是真正的信封，而是一种比“三个抽屉”法更为细致的复式记账法。即把记账表分为很多个类别，包括储蓄、投资、饮食、衣饰、出行、娱乐等。其实，也就是把“三抽屉法”中的后两个抽屉细化，拆分为很多单项，这样，就可以更为明确地计划单项费用的支出，更为明晰地了解单项费用是否超支。哪个单项费用超支，都需要从储蓄信封中借取，这样，就能让新媳妇们更准确地了解家庭的支出需求，控制家庭的消费额度。

第三种，五个账户法。这五个账户，分别为收入账、日常开支账、伙食专用账、投资专用账和储蓄专用账。每个账户，月初记入该账户的分配金额，每天记录各个账户的消耗和变动。周末和月底进行统一的汇总核算。

要养成记账的好习惯，选择便利有趣的记账工具很重要。

Tips 1：纸制账簿。市面上有各类标准的会计账簿出售，最简单的就是一种蓝色封皮的会计账簿，其记账内容分为借贷两项，并能每日汇总。这类账簿比较枯燥，看起来也比较费神，其细小的表格需要用专业的会计用笔填写。除此之外，还有许多半专业的家庭用会计账簿，那些拥有漂亮的封皮和各类底纹的最容易吸引新媳妇们的兴趣。有了漂亮的账簿，记账就成了新媳妇们一种休闲放松的生活乐趣。

Tips 2：电脑报表。电脑报表目前已经被广泛采用，比如利用EXCEL软件记账，不仅方便快捷，而且只要列出自己的收入项目和支出项目，每日填写，就可利用软件自带的统计功能汇总核算，一目了然。

Tips 3：记账软件。网络上有各种付费或免费的记账软件可以下载使用。记账软件功能强大，不仅可以智能同步，创立桌面记账模式，督促你每天记账；还可以满足新媳妇们个性化的需求，可以自创多个账户，自动生成各种表格和统计数据，便捷有趣。

Tips4：在线记账平台。网上有很多账客论坛、记账社区，新媳妇们可以在线设置自己的账本，把自己的账单通过网络晒出去，还可以在论坛和社区里交流记账心得。通过这些具备舆论监督作用的记账平台，不仅可以提高新媳妇们的记账热情，还可以督促新媳妇们养成记账习惯。

美国理财专家柯特·康宁汉说过：“不能养成良好的理财习惯，即使拥有博士学位，也难以摆脱贫穷。”所以，新媳妇们理财的第一步，就是养成记账的好习惯。确定一个理财目标，制订一个理财计划，规定一个时间，哪怕每天只用10分钟来记账，坚持下去，你就能看到收获。通过记账，未来新媳妇们可以给公公婆婆记出一台按摩椅，给老公记出一个公务包，给自己记出一件高档时装，未来还能给孩子记出一份礼物，给家里记出一次新年聚餐，给房子记出一次重新装修，甚至给婚姻记出一次周年纪念会，给未来记出一条理财的通途。

第五节　“攒钱”PK“钱生钱”：谁是微利时代真正的王道

赚钱，一个乞丐就可以做到；用钱，十个哲学家都难以做好。

——美国金融大鳄乔治·索罗斯

从近几年的市场情况来看，中国的高利润时代已一去不复返。目前，中国市场已由卖方市场转向买方市场，微利时代已经到来。在微利时代，理财固有的两个基本方向：“攒钱”和“钱生钱”，究竟谁更重要，谁才是真正的王道，成了新媳妇的理财新难题。

微利，就是微薄的利润和微小的收益。和微利相对应的，就是暴利。

近几年，在金融危机的影响下，市场经济进入微利时代，“一夜暴富”的神话不再出现。各个公司、企业竞相开源节流、提高产品技术、压缩产品成本、微利销售，企图以最小的成本、微小的利润获取更多的收益。而对于家庭来说，微利时代的到来，意味着收入缩减、支出加大，那么理财的重要性就更加凸显出来。

理财市场也进入了微利时代。

随着微利时代的到来，理财市场也出现了“微利现象”。其主要表现为：

首先，央行的多次连续降息，直接影响了人民币理财产品的走势。

其次，各国央行纷纷实施降息政策，外汇理财产品的收益逐渐低迷。

再次，前几年，理财市场极为红火，股票、基金的收益动辄翻番，银行理财产品平均收益率达到 20%，而现在的理财产品收益极低，已属“微利”。

在微利时代，新媳妇们难免会抱怨：“真不知该把钱放到哪儿。”攒钱？一万元的活期存款，一年的利息不过四五十元。钱生钱？如今投资股票、期货，风险高收益低。面对微利时代，新媳妇们陷入了两难的境地。

攒钱，是理财的起点。怎么去攒，是门学问。最简单的攒钱方法就是节省每一分钱，把钱都留在工资卡里；复杂一点，就是灵活运用各种储蓄方式，积极打理自己的存款。

钱生钱，是理财的重点。光会攒钱是不够的，还要学会投资，学会让钱生钱。

那么，面对“两难”，新媳妇们到底应该怎样选择？

先来看这样一则故事：

卡恩站在百货公司门前，目不转睛地看着橱窗里那些昂贵的商品，他身旁有一位穿戴得很体面的绅士，站在那里抽雪茄。卡恩恭敬地对绅士说："您的雪茄很香，好像不便宜吧？"

"2美元一支。"

"那您一天抽多少支啊？"

"10支。"

"天哪！您抽多久了？"

"40年。"

"什么，您仔细算算，要是不抽烟的话，那些钱足够买下这家百货公司了。"

"这么说，您也抽烟了？"

"我才不抽呢。"

"那么，您买下这家百货公司了吗？"

"没有啊。"

"告诉您，这家百货公司就是我的！"

上面的故事很有趣。卡恩很聪明，他账算得很快，能够迅速计算出每支雪茄2美元，每天10支，40年的烟钱就可以购买一家百货公司；卡恩也很勤俭，他懂得勤俭持家、积少成多的理财智慧，并且身体力行，从来没有抽过一支2美元的雪茄。然而，卡恩的智慧却没有助他走上成功，他没抽雪茄，也没能攒下一家百货公司，而身旁抽了很多年2美元1支的雪茄的绅士，却拥有了一家百货公司。

什么是钱？很多人以为，放在自己口袋里或存在银行里的钞票就叫做钱。其实不然。世界上最会赚钱的犹太人认为，世界上最不懂钱的人，就是只知道“省钱”、“存钱”，而不知“生钱”的人，这种人，是金钱的牺牲品，根本不懂得真正的爱钱之道。那么，什么是真正的爱钱之道呢？那就是宁可让钱生钱，不要让人省钱，“立足于赚而不是攒”，这就是犹太商人的传统理念。

所以，与攒钱相比，钱生钱更有资格被称为理财的“王道”。在微利时代，在全球降息的风潮下，“攒钱”更显得不够明智。“微利”已不可扭转，财却不得不理。在人生的理财之路上，我们会碰到各种各样的麻烦，遭遇各种各样的问题，不管微利时代还会持续多久，新媳妇们都应该打起精神，继续向“钱”进。

微利时代，如何钱生钱？

市场瞬息万变，从“暴利时代”到“微利时代”不过一年多的时间，这必然会导致人们因为巨大的心理落差，而对理财失去兴趣。因此，新媳妇首先要做的，就是调适心理落差，重振旗鼓投身理财。在微利时代，要想投资获利，要想“钱生钱”，一定要注意以下几个方面：

第一，投资理财最需谨慎，要严格考察投资收益率的稳定性，而不必太介意投资收益率的高低。微利时代，更应注重风险控制，所以新媳妇在选择理财产品前，一定要仔细考察理财产品的风险。

第二，资产配置应以稳健为主，才能增强抗风险能力。新媳妇可以增加保本理财产品的投资比例，保本理财产品是微利时代的最佳选择。

第三，微利时代，理财以“被动防御”为主，但并不代表不可以“主动出击”。根据经济周期和市场环境的变化，新媳妇的理财意识也要及时调整。微利时代，理财产品的收益率普遍下降，但总有部分产品的收益率，略高于储蓄的收益率。所以，新媳妇们可以主动选择一些固定收益类产品进行投资。例如，若新媳妇手头有长期闲置的资金，则可选择1~3年期中长期投资产品，以锁定现阶段较高的利率；若新媳妇手头的资金随时可能取用，就可选择货币型基金进行投资。

微利时代注意事项：

Tips1：保持工作稳定。在微利时代，新媳妇们一定要确保工作稳定，如有跳槽意向，建议暂缓实施。微利时代，任何工作都不可能带来暴利，而大小公司都在开源节流，所以跳槽未必能拿到理想的工资，反而会影响自己当下的收入，甚至可能因为跳槽失败而造成失业，所以新媳妇应安心工作。

Tips2：控制消费欲望。微利时代的到来，还容易引发新媳妇的购物欲望。很多销售商打起了“薄利多销”的旗号，各种辅导班、学习班、美容机构的收费也都有所下降，商家还会以这样那样的促销打折、降价优惠来吸引新媳妇，所以，在微利时代，新媳妇们一定要学会控制自己的消费欲望，利用商家提供的优惠便利，花最少的钱，买最必要的东西，过最好的日子。

第六节　选择可以让你致富的生活方式：低碳生活

到2020年，我国单位国内生产总值二氧化碳排放，比2005年下降40%~45%，作为约束性指标纳入国民经济和社会发展中长期规划，并制定相应的国内统计、监测、考核办法。

——2009年11月25日，由温家宝主持召开的研究部署应对气候变化工作的国务院常务会议上做出的决定不同的生活方式，造就不同的人生轨迹。生活方式有许多种，或悠闲或忙碌，或单调或丰富……对于新媳妇来说，最佳的生活方式，是不仅可以让自己致富，还可以让自己“钱”途无限的生活方式。进入21世纪，有一种被全社会倡导的生活方式，不仅环保有益，还可以“发财致富”，最符合新媳妇的生活理想，这种生活方式，就是“低碳生活”。新媳妇们，今天，你低碳了吗？

“低碳生活”（low-carbon life）是当今最流行的生活方式。所谓低碳，就是指减少二氧化碳的排放；而低碳生活，则指一种低能量、低消耗、低开支的生活方式。低碳生活提倡节能减排，这不仅顺应当今社会的流行趋势，更有助于保护人类未来的生存环境。

“除了乘飞机旅行外，开车、用电、吃肉、吸烟、装修等都会增加人们对自然的碳排放。”有关专家表示，人类的日常生活与经济行为，使得煤炭、石油等资源被大量开发，排放出大量碳物质，而森林又被大面积破坏，从而导致自然循环失衡。要改变这种状况，就需要人类身体力行，通过“低碳生活”来减少碳的排放量。

其实，低碳生活是一种致富方式。

选择低碳生活，不仅可以节约能源、保护环境，还可以让新媳妇和全家人都尽快致富。之所以说低碳生活是一种致富方式，是因为实践这种生活方式不仅节能环保，还能减少开支。例如，不用纸巾，改用手帕；不用一次性筷子，改自己带筷子；不开车，改坐公交或地铁；少吃肉，多吃青菜、水果；少下饭店，多在家里烹饪；少坐车，没事尽量步行；节水、节电、节气、践行熄灯一小时……这些，都促成了新媳妇乃至新媳妇全家的勤俭节约，所以低碳生活不仅是一种节能环保的生活方式，更是一种可以让新媳妇致富的生活方式。

盘点日常生活中的二氧化碳排放量。

汽车：一辆行程达 2 万千米的大排量汽车，每年释放的二氧化碳为 2000 千克。每燃烧 0.001 立方米汽油，它的发动机就释放 2.5 千克二氧化碳。

人体：每人每天通过呼吸大约释放 1.14 千克的二氧化碳。不过，由于光合作用的存在，每人每天呼吸释放的二氧化碳与生产每人每天所需食物所消耗的二氧化碳基本保持平衡。

植物：植物白天吸收二氧化碳，夜晚释放二氧化碳，所以二氧化碳的净排放量为零。一棵中等大小的植物，每年能吸收大约 6 千克的二氧化碳。

暖气：以煤油为燃料的暖气一年排放 2400 千克的二氧化碳。天然气的为 1900 千克，电暖气则只有 600 千克。

电脑：使用一年，间接排放 10.5 千克二氧化碳。

卤素灯泡：二氧化碳间接排放量为年均 10.8 千克。

洗衣机：二氧化碳间接排放量为年均 7.75 千克。

冰箱：二氧化碳间接排放量为年均 6.3 千克。

盘点完日常生活中的二氧化碳的排放量，新媳妇们就可以根据二氧化碳排放量的高低，来落实低碳生活。

首先，在家居生活中，新媳妇要改掉自己和家人的“电动依赖症”。电动类器材的使用，必将消耗大量富含碳原料的燃料，比如石油、柴油等，这不仅直接增加了二氧化碳的排放量，也增加了家庭在大件电器上的开支。所以，新媳妇一定要带领家人一起改掉“电动依赖症”，回归自然，健康生活。

其次，家具设计应以简约为主调，尽量保持自然通风、直接采光，以减少使用风扇、空调及电灯的概率。同时，门窗最好采用中空玻璃。通常，在建筑能量的损耗中，约50%的损耗发生在门窗上，所以采用中空玻璃，不仅能把热浪、寒潮挡在外面，还能够隔绝噪声，降低能耗。

再次，住宅尽量选取小户型房屋。小户型房屋不仅节约建筑材料、节能节电，还能大大降低新媳妇的生活开支，降低房屋整体的维护成本。

此外，在日常生活中，尽量充分利用、多次利用不可再生能源，比如水、电、煤气等。具体而言，像淘米、洗菜的水可以用来浇花、冲马桶；冬天洗澡时，水管里先流出的冷水，可以储存起来冲马桶用。

最后，新媳妇可以带领家人一起，尽量选用公共交通工具。根据研究表明，如果去8千米以外的地方，轨道交通工具比公共汽车的二氧化碳排放量要少1.7千克。而且，开车或乘坐公共汽车很容易遭遇交通拥堵，所以乘坐轨道交通工具，通常都比开车或乘坐公共汽车更节省时间和精力。如果新媳妇确实需要开车出门，那么应尽量避免冷车启动和突然加速，要选择合适的挡位，避免低挡高速，还应用黏度较低的润滑油，并定期更换机油。新媳妇在高速驾驶时，尽量不要开窗，还要让轮胎气压保持适当水平。此外，新媳妇最好购买低价格、低油耗、低污染，安全系数相对较高的小排量汽车。

低碳生活，其实就在身边：每节约1度电，就可以减排1千克二氧化碳；少用10双一次性筷子，减排0.2千克；少开一天车，减排8.17千克；用手洗代替一次洗衣机洗衣，减排0.3千克……

既然低碳有这么多的好处，既然低碳可以让新媳妇更快致富，让家庭更加幸福，那么，新媳妇们，从今天开始，一起低碳吧！

目前，一款名为“全民节能减排计算器”的软件在网上大为流行。只要输入家庭的人口数，以及衣、食、住、行、用等方面的相关信息，这款软件就能计算出整个家庭一年可能的减排量和节能量。新媳妇们可以巧用这个软件，控制家庭支出，节约家庭能源，实现低碳生活。

第七节　致富“专利”：新媳妇专属理财公式

理财是关乎一生的大事，不恰当的理财方式，必将增加新媳妇的理财负担，加大新媳妇的生活压力。所以，一定要结合个人知识、家庭情况和财务状况，确定自己专属的理财公式，才能避免陷入理财迷阵，步入理财歧途。

说到致富，很多人会想到创业，仿佛只有创业才能赚钱，才能不被老板“剥削”，才能发财致富，然而，创业者遍地都是，真正实现了“发财致富”的梦想的，寥寥无几。所以，对绝大部分新媳妇来说，“致富”就是努力工作以升职加薪，就是充分利用自己手中的财富，寻找途径实现财富的增值。那么，新媳妇们要想致富，就要拥有致富的“专利”，即拥有一个专属的理财公式。

正确的理财方法，是家庭致富的保证。你不理财，财不理你。如果新媳妇不找到适合自己的理财方法，就算赚了再多的钱，也只会越用越少。然而，在实际操作中，各种理财方式纷呈杂乱，要选好理财方法不容易，选对适合自己的理财方法则更难。新媳妇们只有首先确定一个专属自己的理财公式，才能少走弯路。

新媳妇们应该牢记基础理财公式，打造专属理财公式。

以下四个简单的基础理财公式，是新媳妇确立专属理财公式的重要依据，新媳妇可根据各自的需求，在这四个理财公式的基础上酌情完善，便可打造你的专属理财公式，实现轻松理财。

公式一：收入＝储蓄＋消费

这个简单的公式，旨在告诉新媳妇，不管你赚了多少钱，你的收入都要分为两部分，其中最重要的一部分是储蓄，另一部分就是必要的消费。直白地讲，就是要先储蓄，再消费。许多新媳妇意识不到这个公式对于致富的重要性，然而在现实生活中，这个公式的重要性却随处可见。很多“月光族”，花钱大手大脚、无所顾忌，然而到了月底，或者一旦失业，就陷入了困境，这个时候，如果事先有一定的储蓄，便可安然度过。所以，如果没有储蓄，再高的薪水，都是“消费”的牺牲品。聪明的理财者，迟早都会认识到这个理财公式的重要性。收入＝储蓄＋消费，是每个新媳妇都应该牢记的基础理财公式之一。

新媳妇罗女士，就职于一家国有企业。结婚初期，罗女士没有一点储蓄意识，总是等到月底钱已经花光，才发现自己和老公根本就没有一分钱可以救急。于是，她开始逐渐培养自己的储蓄意识。后来，每月工资一到账，罗女士就跑进银行，把自己和老公的工资总额的40%存入固定账户，剩下的60%留做日常消费。两年后，罗女士终于存下了一笔钱，两口子筹划着贷款买车。

公式二：保险理财＝25%储备＋35%保守＋40%风投

所谓保险理财，并不是指通过保险的方式理财，而是指最保险的理财方式。在这个保险理财公式里，也体现了储蓄的重要性，这里的储备，即储蓄。把闲置资金的25%用来储备，剩下的75%中，35%用在保守投资领域，比如投放在人民币理财产品和货币市场基金等低风险理财产品上，再比如投资混合型基金、大盘蓝筹股等年收益率在5%~10%的较为平稳的投资产品上，稳扎稳打赢取收益。最后的40%可做风险投资，比如购买成长型股票和股票型基金，在承担大风险的同时，有可能获取较高的收益率。这样的分配方式，既保证了储备的有效性，也确保了投资的稳扎稳打和强攻硬取，符合长期理财的需要。

公式三：能担负的风险比重=100－投资人的年龄

这个公式非常有趣。新媳妇在进行投资时，应根据自己和家庭成员的年龄，分析每个人在投资时所能够担负的风险比重，从而确定每个人应选择的投资方式和投资资金的分配比例。

在某国企担任会计的新媳妇曹女士，对理财颇有研究，她与多数女性不同，在理财上态度激进，敢冒风险。她鼓励全家人投资，然而她对风险的把握却恰到好处，“能担负的风险比重=100－投资人年龄”就是她遵循的首要投资原则。曹女士目前28岁，依公式计算，她能承担的风险比重为72，于是，她将闲置资产中的72%，投入到了风险较高的股票市场，剩余的28%，她做了保守性的投资，以定存和债券为主。通过这样配置投资比例，新媳妇曹女士既实现了理财组合的多样化，又保证了理财收入的稳定性。

公式四：分散投资风险＝足球队阵形：4-3-2-1

这个公式借鉴了足球队的阵形，即4个后卫，3个后腰，2个前腰，1个前锋。按照这样的比例分配投资份额，可以有效地分散投资风险。

新媳妇张女士，大学期间主修金融专业，所以，她对股票、基金的投资有着深入的了解。结婚以后，张女士为自己的小家量身定制了一套投资方案。为了分散风险，她将家庭投资转变为“4-3-2-1”的足球队阵形，即40%的资金购买股票，30%的资金购买基金，20%的资金购买国债，10%的资金购买保险。这四种类型的投资风险逐次递减，资金投入比例也随之递减，这种投资方法，符合分散投资风险的足球队阵形公式，非常适合风险承受能力较强的年轻家庭。

专属理财实施注意事项：

Tips1：要有一个科学系统的理财规划，并严格按照计划理财。理财规划是我们通向财务目标的地图和指南。你能想象一个没有指南针和地图的探险队，能够获得最终胜利么？

Tips2：理财一定要尽早开始。延误理财时机是导致理财不成功的重要原因。最佳的理财时机是开始工作的第一天，如果你还没有开始理财，那么现在就开始吧！

Tips3：长期坚持实施理财计划。理财是一个长期的过程，要有耐心和恒心，这是理财成功的不二法门。

第八节　新媳妇投资指南：打造属于自己的王牌投资组合

成功的秘诀有三条：第一，尽量避免风险，保住本金；第二，尽量避免风险，保住本金；第三，坚决牢记第一、第二条。

——有史以来最伟大的投资家沃伦·巴菲特

股神巴菲特说过，投资成功，最重要的秘诀就是避免风险、保住本金。对于新媳妇来说，组合投资是避免风险的最佳选择，新媳妇投资，必须打造属于自己的王牌投资组合，才能够真正有效地避免风险。

投资组合，就是指由投资人所持有的股票、债券、衍生金融产品等组成的集合。投资组合又名资产投资组合，包括股票、债券、外币、期权、贵金属、衍生性金融商品、房地产、土地、古董、艺术品、红酒等各种投资产品在内。对于家庭投资来说，投资组合就是指家庭对于闲置资金的投资方向的配置和组合，只包括有增值潜力的投资，不包括汽车、电器、生活用品、成衣等没有增值潜力只有折旧损耗的消费品投入。

投资组合的目的在于分散风险、提高效益。以个人证券投资为例，如果新媳妇的投资组合中配置有四种股票，分别为高科技、钢铁、银行和中小板块的股票，那么如果钢铁板块和银行板块的股票下跌，高科技板块和中小板块的股票还有可能上涨，四支股票同时下跌的可能性并不大，这样，就有效地降低了投资风险。

投资组合由两个部分组成，即长期投资与短期投资。

长期投资是投资组合的主要部分，对于求稳求准的新媳妇来说，长期投资应占投资总比例的70%~80%为宜。长期投资属于投资组合中的固定收益部分，一旦确定，轻易不做调整。长期投资，一般选取可长期获得稳健收益的投资项目，比如股票型基金、债券基金、指数基金等，其波动较小、获利稳健，是长期投资的普遍选择。

短期投资是投资组合的附属部分，新媳妇可根据家庭需求和个人喜好，根据市场的调整和变动来选择短期投资项目。短期投资具有较大的风险，是投资组合中的风险收益部分。目前新媳妇可以选取的短期投资项目主要有：新兴市场基金、贵金属基金，单一国家基金、期货、期权等，虽然这些项目的收益波动较大，但回报率相对较高。

新媳妇在确定投资项目之前，首先要配置好长期投资与短期投资的比例，才能健康构建适合自己的投资组合。一般情况下，长期投资占投资总数的比例不要低于 50%，大致为 70%~80%较为适宜。长期投资是新媳妇实现投资目标的基础。除去长期投资的部分，就是短期投资，短期投资可促进新媳妇投资多元化，提升新媳妇的投资回报率。假设新媳妇手中有 10 万元积蓄可做投资，便可将其中的 7 万 ~8 万元，投入到风险较小、投资期限较长，能够稳健获利的长期投资项目中，3~5 年后，这 7 万 ~8 万元便可为新媳妇带来 2 万 ~3 万元的收益，确保新媳妇能够拿回最初的 10 万元；新媳妇手中剩下的 2 万 ~3 万元，可投入到一些较为积极的短期投资项目中，例如贵金属、股票等风险较高的项目中，这样一来，就算短期投资失败，这 2 万 ~3 万元的短期投资部分最后全部亏损，新媳妇最终还是拥有 10 万元的积蓄，一但这 2 万 ~3 万元的短期投资有了较高的回报，新媳妇的资产就会有较大增长。

如何打造王牌投资组合？

所谓王牌投资组合，就是指具有高流动性、高平稳性、高收益性及低风险率的优质投资组合。要想打造王牌投资组合，新媳妇就要从各种可能的投资项目中，挑选出性价比最高的投资项目，并根据自身与家庭的实际情况，配置期望值最大的投资组合。新媳妇的王牌投资组合分为三种类型，即保守型、进取型和中庸型。

保守型投资组合：长期投资比例较高，短期投资比例较低。选用这种投资组合的新媳妇，可将大部分资金投在相对安全的固定收益投资项目上，只将少量资金投在股票等风险收益投资项目上，以抵御通货膨胀，保持现有资金的实际购买力。保守型投资组合以稳健为投资的主要目的，旨在控制投资风险，集中精力加大储蓄。

进取型投资组合：这是一种积极的投资模式，长期投资比例较低，短期投资比例较高。选用这种投资组合的新媳妇，一般都具有较强的风险承受能力，可将70%~80%的资金进行风险投资。而这70%~80%，还可以进行组合，比如将这部分资金的一半用来购买普通股票，另一半用来购买新兴市场基金、贵金属基金、单一国家基金、期货、期权等风险收益投资项目。剩余的20%~30%投资在固定收益的长期项目中，这部分资金也应分散投资，便于保住本金、适当获利，同时留存适当资金以备不时之需。

中庸型投资组合：按照风险各半的原则，将资金的50%进行风险收益投资，剩余50%进行固定收益投资。这种投资组合相对来说比较稳健，最适合年轻的新媳妇。

第九节　不做“穷忙媳妇”，轻松学会理财

只有会理财、会规划、会生活，新媳妇才能在繁忙的工作和家务中成为轻松愉快的好媳妇；相反，如果不会理财，没有规划，那么新媳妇就会变成越穷越忙，越忙越穷的“穷忙媳妇”。

当下，流行一个说法，即“穷忙族”，就是指很多年轻人，越穷越忙，越忙越穷。穷，并不是因为挣得少，而是因为不会理财；忙，也不是因为工作多，而是因为不会规划。那么，新媳妇也会“穷忙”么？没错，新媳妇也会“穷忙”，只有会理财、会规划、会生活，新媳妇才能在繁忙的工作中、繁重的压力下，成为轻松愉快的“富闲媳妇”；相反，如果不会理财，没有规划，那么新媳妇就会变成越穷越忙，越忙越穷的

“穷忙媳妇”。

> “穷忙族”一词来源于英文单词“working poor”，原指那些薪水不多，整日奔波，却始终无法摆脱贫穷的人。后来，随着“穷忙族”队伍的逐渐壮大，“穷忙族”的定义有所改变，专指那些为了填补生活空虚而连续消费，消费之后却又重返空虚，然后为了维持生活，不得不继续投入到忙碌的工作中去的上班族。换句话说，“穷忙族”并非失业者，甚至有的还兼了好几份差事，月薪不低，收入不菲，却始终是既忙又穷的工作穷人。

社会学家认为，“穷忙族”可以分为两大类：“月光型穷忙族”和“无规划型穷忙族”。“月光型穷忙族”，指那些不懂理财，又爱消费的月光族；“无规划型穷忙族”，指那些收入不低，每天都忙，没有时间理财、不给自己做规划的穷忙族。新媳妇如果不善理财，不会规划，在长时间的无序生活之后，很容易变为“无规划型穷忙媳妇”。这类“穷忙媳妇”或许薪水不算低，也很努力，然而，由于缺乏理财意识，或者盲目理财，以至于家庭经济混乱，常常入不敷出，甚至负债累累。面对如此境地，新媳妇们只好更加努力地工作，以求升职加薪获得更高收入，结果造成了财务状况的恶性循环，把自己变成了越穷越忙的“穷忙媳妇”。

如何成为高薪的“富闲媳妇”？

“富闲族”和“穷忙族”正好相反，指那些赢得了更多财务自由和富足时间，可以尽情去做自己喜欢做的事情的人。“富闲族”之所以“富闲”，是因为他们有丰富的理财经验，懂得量入为出，懂得精打细算，懂得让钱生钱。在生活理财方面，不像“穷忙族”一样无头苍蝇般去理财，更不会随意挥霍时间和金钱。新媳妇不想成为“穷忙媳妇”，就得学会理财，规划生活，学做一名快乐的“富闲媳妇”。

要成为一名“富闲媳妇”，新媳妇首先要学会省钱。新媳妇在成为“省钱达人”之前，要先明白省钱的宗旨，即省钱并不意味着降低生活质量，而是为了提高生活质量。在“穷忙媳妇”忙着带领一家人到餐厅去吃大鱼大肉的时候，“富闲媳妇”悠哉悠哉地穿着睡裙，给一家人做可口健康的营养晚餐；在“穷忙媳妇”忙着超市购物、商场血拼的时候，“富闲媳妇”和老公一起，窝在家里看浪漫的爱情文艺片；在“穷忙媳妇”忙着和朋友聚餐、和同事派对的时候，“富闲媳妇”带领全家人到郊外去旅游，到野外去踏青……所以，新媳妇要学会惬意地省钱，要在保障生活质量的前提下，既节省金钱，又享受乐趣，这样的省钱，才是正确的理财和可持续的规划。省钱，不是要新媳妇做葛朗台似的守财奴，不是要新媳妇锱铢必较，一毛不拔，而是要新媳妇学会更节约、更愉悦、更健康地生活，学会更惬意、更规划、更自主地理财，只有这样，新媳妇才能学会理财，尽早致富。

其次，要成为“富闲媳妇”，新媳妇就要实施自动储蓄计划。“穷忙媳妇”之所以越忙越穷，最重要的原因就是“穷忙媳妇”自己和家人，都习惯了挥霍，也就是每个月一发工资，就马上去消费。要从“穷忙媳妇”变成“富闲媳妇”，就要学会先存钱，再消费。因此，新媳妇要实施自动储蓄计划，在银行开设一个只存不取的账号，每月定期从工资卡上自动转存一笔钱到这个账号上，当然，每次转存的钱不能太多，不能影响家庭的日常开销。最初，新媳妇可以从 300 元、500 元开始转存，不要怕起点低，只要有了一个好的开端，持之以恒，就能成功。

再次，新媳妇要想真正改变“穷忙”状态，变成“富闲”一族，投资是必不可少的理财手段。投资得当，钱能生钱，比日复一日地拼命挣钱更轻松、更快捷。如果新媳妇实在没有时间学习投资，也可将资金交由理财专家代为投资，这样既省力省时，又轻松便捷。

第十节　建造家庭财务的诺亚方舟

“无论现实世界的股票是跌是涨或是股市发生了什么，也无论家庭、学校和企业等避难所之外的世界发生了什么，我们都要做好准备。”

——美国著名财商教育专家、《穷爸爸富爸爸》作者罗伯特·T·清崎

在这个瞬息万变的经济社会，新媳妇努力工作力争拿高薪、学会理财掌握财务，就能够保证自己和家庭的财务状况坚不可破？赚大钱、钱生钱，就可以让自己和家人抵挡经济危机？钱是赚不完的，财也是理不完的，最重要的，并不是赚了多少钱、理了多少财，而是是否建造了家庭财务的诺亚方舟，为家庭财务做了未雨绸缪的规划。只有建筑起了家庭财务的诺亚方舟，才能确保自己和家人，未来生活更稳固，经济状况更稳健。

什么是家庭财务的诺亚方舟？

诺亚方舟，出自《圣经》故事《创世纪》。在《创世纪》中，上帝看到人类无休止地厮杀、掠夺，决定让洪水泛滥，毁灭人类。而在罪孽深重的人群中，只有诺亚在上帝面前蒙恩，上帝选中诺亚一家作为新一代人类的种子，告诉他们用歌斐木造一只方舟，以承载他们一家的性命。其后，大雨日夜不停，只有方舟中的人和动物安然无恙。诺亚的胜利，在于建造了一只坚挺的方舟。从个人理财和家庭理财的角度来看，新媳妇要想幸福一生，“钱”途无忧，务必做到未雨绸缪，打造好个人财务和家庭

财务的“诺亚方舟”。

人的一生，离不开钱，吃饭、住房、坐车、上学、生病、生育、养子、养老都要花钱，对新媳妇来说，钱，无疑是维持家庭稳步向前的基础条件。然而，生病耽误挣钱、生育耽误挣钱，失业挣不到钱、退休挣不到钱，孩子不会挣钱、老人较少挣钱，所以，要想保证在人生的道路上“钱”程无忧，要想保证每个家庭成员财务自由，那么就一定要打造家庭财务的诺亚方舟。

目前，消费水平不断提升，通货膨胀率居高不下。在大城市，患一场感冒，差不多就要花几百乃至上千元钱，住一次医院，就要花几千甚至上万元钱。至于养育孩子、赡养老人，那就更需要大笔的资金了。

那么在当今中国，新媳妇未来养一个孩子，到底需要多少钱呢？根据调查显示，在上海，一个孩子从出生到 18 岁，至少需要花费父母 49 万元，这还不包括意外的大病灾祸或特殊的教育支出；在南京，这项费用是 42 万元；在苏州，是 32 万元；在杭州，是 50 万元。面对如此巨大的财务压力，如果新媳妇没有一艘坚挺的诺亚方舟，一家人的衣食住行、子女的教育婚嫁、父母的年迈多病、自己的生老病死，又该如何应对？所以，打造家庭财务的诺亚方舟，是新媳妇无可推卸的重大责任。

如何建造家庭财务的诺亚方舟？

新媳妇要建造个人财务的诺亚方舟，就要提高自己赚钱、理财的能力，努力工作、争取加薪，积极理财、认真投资；要建造家庭财务的诺亚方舟，就要与家人和睦相处、同心协力，共学理财，共同投资。

建造家庭财务的诺亚方舟，应从以下几个方面入手：

第一，分设理财帐户和投资账户。也就是将家庭每月的收入分为两部分，一部分用来支付家庭的日常开销，另一部分用来储蓄或投资。

理财专家建议，最好缩短定期储蓄的存期，保证资金的相对流动性，这样，当利率升高时可以转存，当遇到稳健投资项目或收益率较高的短期投资产品时也可投资。

第二，制定资产配置方案。如果新媳妇是理财新手，可以请专业理财人士帮助制定适合自己和家庭的资产配置方案。理财，并不是简单地把资产划分为储蓄和投资两部分；投资，也不是简单地把部分储蓄资产转移到投资性产品上。所以，新媳妇一定要制定好资产配置方案，做到配置平衡化、风险最低化、收益均衡化。关于资产配置，前面已有所涉及，这里需要强调的是，当今社会，经济局势瞬息万变，新媳妇在制定资产配置方案时，一定要提高保险投资的比率，比如给自己和家人买人寿保险、残障保险、健康保险等，以确保在未来可能发生的变动中，自己和家庭都有所保障。

第三，制定家庭理财规划。新媳妇要根据个人及家庭的消费预期进行定位，明确未来财务支出目标。比如，新媳妇在未来的一些年内，可能要支付专业进修费用、孩子抚养费用、子女教育费用、父母赡养费用等。新媳妇要根据这些预期，制定完善的家庭理财规划。比如新媳妇可以选择既能保证收益稳定，又具有一定流动性的投资工具，如基金定投、定息债券等，以确保在规划的时间内，筹备好子女教育资金。

第四，定期盘点家庭资产负债状况，每月收支情况，理财实施状况，目标实现情况。建造稳固的家庭财务诺亚方舟，是一个漫长的过程，作为新媳妇，必须随时监督家庭成员的消费支出，监控家庭理财规划的实施情况，通过记账等方式，控制生活支出，开源节流，投资理财，以确保建成家庭财务的诺亚方舟，确保全家幸福一生、“钱”途无忧。

第2章

Chapter 02

做父母的理财指导师

第二章　新媳妇的十佳理财妙招

好媳妇会持家，生活、理财双管齐下；好媳妇会挣钱，富有快乐、生活无忧。只有这样的好媳妇，才算得上“十佳全能”的新媳妇。面对理财，别说没时间、没精力，别说无头绪、无对策，本章奉上十佳理财妙招，从银行卡的妙用到储蓄的高招，从简单的零存整取到世界第八大奇迹之“复利”，都有所涉及。相信您一定可以从这十条理财妙招中，找到适合自己的理财方法。

第一节　巧用银行卡，省钱又赚钱

便利、快捷的银行卡支付为消费者带来了完全不同于现金支付的消费体验。

——中国银联总裁许罗德

每位新媳妇的钱包里，都会有几张银行卡。现金存卡内，消费方便又快捷。中国银联的总裁许罗德先生说：“便利、快捷的银行卡支付为消费者带来了完全不同于现金支付的消费体验。”不过，在您存款取钱、消费刷卡的同时，是否意识到这予人方便的“塑料卡片”，还能帮您省钱、帮您赚钱！

目前，银行卡主要有借记卡和信用卡两大类。两者可以为新媳妇们提供不同的便利。

我们最常使用的银行卡就是借记卡。借机卡不可透支，只有存入一定金额，才能使用一定金额。然而，借记卡除了日常存取功能之外，还能为我们提供很多便利。

第一种便利，代收代付。用借记卡可以代缴电话、水、电、煤气费，新媳妇们只要在银行办理一个简单的签约手续，家里每月的能源消耗、通讯费用，都可以从借记卡里自动扣除，省去了到银行排队的时间，也免除了忘记缴费带来的麻烦。第二种便利，刷卡消费。这不仅免去新媳妇携带现金的烦恼，还可以使其享受一定的折扣优惠。第三种便利，投资理财。借记卡尽管不能透支，却还是可以作为金融工具买卖股票、基金等理财产品的，用借记卡作保证金账户，还可以享受网上投资的优惠。

除了借记卡，日渐受到新媳妇关注的就是信用卡，它与借记卡最大的区别就是可以透支。信用卡内存入的现金消费殆尽后，持卡人依旧可以持卡消费，透支一定的信用额度，透支之后只需按期归还，便无利息、无扣罚。

信用卡有更多的便利，各大银行、商场，都推出了信用卡购物优惠活动，如果新媳妇是银行的特约商户，还可享受信用卡刷卡折扣。而且，信用卡还可以积累个人信用。每使用信用卡一次，新媳妇的信用档案中便会增添一条诚信记录。在未来的生活中，无论是贷款还是出国，良好的信用记录都将为您的成功添砖加瓦。最后，信用卡通行全国无障碍。在有银联标识的 ATM 和 POS 机上，均可用信用卡取款或刷卡消费。如果是自由选择的一卡双币信用卡，还可通行全世界，实现境外消费。

很多新媳妇的钱包里，都有一张到数张银行卡，有的银行卡一年都使用不了几次，这种情况下，您一定要将钱包里的银行卡巧妙地利用起来，充分实现它的理财功能。

巧用妙招一：力争减免年费。很多新媳妇都认为，银行卡的年费必不可少，对于那些经常闲置不用的银行卡来说，年费就是一笔无效的损耗。然而，不知大家注意到没有，各个银行都推出了“刷卡消费满一定次数或金额免年费”的优惠措施，通过这样的方式，新媳妇完全可以不支付用卡年费。

巧用妙招二：关注优惠活动信息。新媳妇一定要经常登录银联和发卡行的网站，获取最新优惠信息，如积分换奖，刷卡消费累计换奖等。

巧用妙招三：注意当地银联创新业务优惠信息。例如，在银行新开通手机缴费、电话缴费等业务，往往有一定优惠；还可以申请某些银行的贵宾客户，以享受贵宾优惠，比如浦发银行的贵宾客户，既可在挂失费、汇款手续费、跨行取款手续费上获得减免，还能享受到机场贵宾通道、道路紧急援助、免费养生热线、高尔夫畅打等增值服务优惠。

巧用妙招四：网上银行优惠多。网上银行不仅具备银行营业网点的功能，还可以省去到营业网点排队办理业务的时间消耗，更值得关注的是，通过网上银行办理业务，可以节省相关的手续费。比如，在银行柜台办理汇款，一般收取1%，50元封顶，而使用电子银行的手续费，不同的银行有所不同，但都比柜台办理的低一些，最低的，能达到柜台手续费的一半以下。不管汇款金额多少，使用网上银行汇款的手续费，最低1元，最高不超过30元，比银行柜台的手续费便宜多了。再比如，通过银行做基金定投业务，在银行网点，手续费很难打折，而使用网上银行，却能享受到4~7折的优惠。

巧用妙招五：通过银联减少货币转换费。在境外刷卡，选择银联网络，可减少2%的货币转换费。一般情况下，在国外及港澳地区消费，在柜台办理换汇业务时，使用国际卡都要收取部分的货币转换费。而目前，卡号为“62”开头的“银联标准卡”的持卡人在境外消费时，银联网络只按规定汇率进行货币转换，这样，便可减少2%的货币转换费。

巧用妙招六：使用银联实现跨行还款，免除利息。银联网络功能强大，如今，只要到银行给自己的银行卡开通跨行还款业务，便可随时在具有银联功能的ATM机上轻松完成跨行转账，而且还可以免除利息，方便快捷。

银行卡使用注意事项：

Tips1：牢记中国银联客服热线95516和发卡银行的客服电话。如在用卡过程出现意外，可及时拨打，减少损失。

Tips2：使用网上银行，要采用高级别的安全保护措施，如安装口令卡、密码保护U盘等。

Tips3：使用信用卡需及时还款。一来可避免透支利息，二来可保证个人信用记录。

Tips4：销掉废卡，合并账户。多张银行卡，不仅利用率不高，还要支付年费。合并账户不仅可以节省年费，还可以累加存贷金额，晋升贵宾客户，享受银行的多项免费服务。

Tips5：不同银行，区别使用。一般来说，国有商业银行收费较高，但网点较多，业务办理较方便；股份制商业银行收费较低，但网点较少。新媳妇在使用银行卡时，要不同银行，区别使用。

第二节　如何储蓄更有效

若要生活好，勤劳、节俭、储蓄三件宝。

——中国民间谚语

在中国，很多上了年纪的人都认为把钱存在银行最保险。银行肯定是可以信任的，然而，懂得储蓄的一些技巧，并不代表可以高枕无忧，如何储蓄更有效，是值得新媳妇们从组建家庭的第一天起就认真学习的理财知识。

什么是储蓄?

储蓄，对百姓来说并不陌生，日常生活中，几乎人人都离不开储蓄。储蓄的确切定义是：城乡居民将暂时不用或结余的钱，存入银行或其他金融机构的一种存款活动。储蓄可分为活期储蓄和定期储蓄。

定期储蓄，是指存款人在储蓄时，与银行约定存储时间，然后一次或按期分次存入本金，整笔或分期平均支取本金利息的一种储蓄。

活期储蓄，是指没有存取日期的约束，随时可取、随时可存，也没有存取金额限制的一种储蓄。

储蓄其实也是有方法的，若不注意，就变成了不当储蓄。下面来介绍下四类常见的不当储蓄。

第一种，因为储蓄种类和储蓄期限的选择不当，造成储蓄利息的损失。很多年轻人认为，现在储蓄存款利率太低，存定期和存活期利息差不多。事实上，定期储蓄和活期储蓄，在储蓄利益上的差别还是很大的。比如人民币 10 万元，存 1 年的定期，按照当下一年期定期的存款年利率 3. 25%来计算，1 年的利息为 3250 元，而如果存活期，按照当下 0. 5%

的活期存款利率来计算，1 年的利息只有 500 元，其差别显而易见。

所以，在选择储蓄种类和储蓄期限时，新媳妇一定要根据个人和家庭的消费水平、用款情况，尽量选择利息最大化的储蓄方式。一般来说，只要该笔款项在 3 个月内不需取用，就应该选择定期存款，而不是活期存款。能确保半年之内不需取用的，一定选择半年的定期储蓄，而不选择 3 个月的定期储蓄。如果手上有长期不用的闲置资金，还可以拿出固定比例的资金进行中长期储蓄存款，这样不仅可以规避银行的“降息风暴”，还可以确保家庭财产的安全和稳定。

第二种，一味选择大额存单，造成利息损失。很多人为了省事，常常会把到期日相近的几张定期储蓄存单，凑到一起转存为 1 张大额存单。这样，虽然拥有了 1 张数额较大的存单，减少了多张存单的麻烦，但从理财的角度看，却有可能造成利息损失。

生活中，存单就是应急的“消防栓”，这个“消防栓”的金额越大，提前支取可能造成的利息损失就越大。银行规定，提前支取定期存款，不管已经存了多长时间，都按当日活期利率计算利息。这就意味着，越大额的存单，提前支取将带来的利息损失就越大。所以，把“大单”拆成“小单”，着急用钱时可分批取款，才是最有效地减少损失。

第三种，逾期不取造成的利息损失。生活中，不乏“马大哈媳妇”，往往在存单到期之后很久，才想到去银行办理取款手续。这样一来，便会损失利息。因此，有空的时候，不妨把翻看存单当成一种乐趣，一旦发现到期，就赶快到银行支取，或提前办理到期自动转存业务。

第四种，随处乱放存单和存折，造成遗忘或者遗失。一定要妥善保管银行开具的存单和存折，它们是明确你的存款项目的唯一合法凭证。有些“马大哈媳妇”，储蓄很认真，保管不认真，把存折放进抽屉，把存单夹进书本，时间一长，就忘得一干二净。存单丢了，你还拿什么去取钱？所以，一定要把存单和存折放在最安全的地方，还要保证干燥通风，免得存单和存折潮湿发霉。另外，千万别把存单放在极易被人取到的地方，要是被家里的孩子拿去叠了纸飞机，就真的成了长了翅膀飞出家门的人民币了。此外，存折和存单的存款银行、账号、日期、金额以及密码，都应记录在记事簿上，一旦发生意外，可以凭这些存款信息，迅速到银行办理挂失手续。最后，存单、存折，还要与身份证、户口簿等身份证件和密码登记簿分开保管，以免被盗后，他人凭身份证件冒领存款。

学习储蓄知识，首先要学习如何选择储蓄的存期、币种和账户。

选择储蓄存期，要紧跟银行利率。一般来说，利率较高时，可选两年期以上的长期储蓄；利率平稳时，可选一年期的中期储蓄；而利率波动较大或走势不明显时，应选择三个月或半年的短期储蓄，待利率平稳后，再选择更长的储蓄存期。

选择储蓄币种，要兼顾利率和汇率。另外，尽量选择高利率币种和硬通货币进行储蓄，以获取更多的利息收入和预期汇率的上升利率。

选择储蓄账户，要根据使用需求。储蓄账户可分为本币储蓄账户和外汇储蓄账户，如果您很少出国，很少关注外汇，最好选择本币储蓄账户；如果您时常有一些外汇业务，比较关注外汇利率，也可以选择外汇储蓄账户。外汇储蓄账户分为现汇账户和现钞账户两种，对于经常需要出国的储户来说，现汇账户相对来说较为方便，储户随时可以在国内外的银行柜台支取外汇，不仅不用携带外汇出国，还省去了兑换外汇的部分手续费。

学习储蓄知识，最重要的就是学习如何选择储蓄方式。

这里所说的储蓄方式，不是指银行指定的储蓄品种，而是指针对个人的实际情况，进行不同储蓄品种、不同储蓄账户的合理组合。

方式一：隔断储蓄法——即分期进行短期存储，储蓄额度依次递增，这样既可以降低大额存单可能带来的利息损失，又可以保证存单之间互不影响。假设新媳妇有1万元，但每次用钱的金额、时间都无法确定，就可以选择隔断储蓄法，即把这1万元分别存为金额不等的几张存单。也就是说，将1万元分别存成1000元、1500元、2000元、2500元、3000元。这样，当新媳妇急需1000元时，就只需动用1000元的存单就可以了，方便快捷。

方式二：金字塔储蓄法——即均分存款，长期储蓄，递进存期，这样灵活性强，便于根据利率调整存期，还实现了最大可能获取最大利息。假设新媳妇要存3万元，按照金字塔储蓄法，就可以把这3万元均分为3个1万元进行储蓄，分别存为1年、2年、3年的定期。1年后，可将到期的1万元转存成3年定期，2年后，可将3张存单都转为3年定期，这样，每张存单的到期年度依次还是相差1年，却都能享受3年定期存款的存款利率。

方式三：双利储蓄法——即存一笔钱，获取两份利息。首先，把一笔钱存入银行，采取存本取息的储蓄方式，1个月后，取出首月的利息，然后把这份利息存入另一个账户，把其设为零存整取储蓄账户。这样，此后的每个月，都可以从第一个账户上取出利息，存入零存整取储蓄账户。采取这种储蓄方式，不仅能够从第一笔钱的存本取息储蓄中获得利息，还能够从继续存储利息的零存整取储蓄中再次得到利息。

方式四：教育储蓄法——个人按国家有关规定在指定银行开户、存入规定数额资金、用于教育目的的专项储蓄，这是一种专门为学生支付非义务教育所需教育资金的专项储蓄。教育储蓄采用实名制，开户人必须是在校小学四年级（含四年级）以上的学生，开户时，教育储蓄账户的开户人，也就是学生本人，必须拿着本人的户口簿或身份证，到银行以本人姓名开立存款账户。而到期支取时，需学生本人，凭存折及有关证明一次支取本息。如果新媳妇家里有正在读书的孩子，就可办理教育储蓄。教育储蓄到期后，凭非义务教育（高中以上）的录取通知书、在学证明，可享受免税利率的优惠政策。家里有初中以上的学生，可以选择3年期教育储蓄；家里有小学四年级以上的学生，可以选择6年期教育储蓄。

方式五：通知存款法——分为“七天通知存款”和“一天通知存款”两种。如果您手上筹备了一笔资金，计划在1个月内支付出去，这笔钱是放在家里还是存在银行？答案当然是存在银行。可存在银行，并不意味着就要存成活期，无论是即将用作住房贷款首付的大笔资金，还是准备在行情好时投入股市的大笔资金，都可以选择“七天通知存款”或者“一天通知存款”的存款方式。这样，既方便存取，又可享受1.39%或者0.81%的利息，而不是活期存款仅为0.4%的利息。

方式六：每月储蓄法——每月都把一定的金额单独存成1张半年期以上的定期存单，1年下来，就积累了12张存单，这样不仅可以最大限度地发挥储蓄的灵活性，还可以最大限度地获取银行利息。

第三节　零存整取不简单

零存整取是银行定期储蓄的一种基本类型，即储户在存款时约定存期，按期分次存入固定本金，到期一次支取本息的一种储蓄方式。

《史记·李斯无传》中有这样一句话："以泰山不让土壤，故能成其大；河海不择细流，故能就其深。"意思是，泰山不排除细小的土壤，所以才能那么高大；河海不排除细小的支流，所以才能够那么深广。储蓄也一样，不积跬步无以至千里，不积小流无以成江海，所以，看似简单的零存整取，实际上就是新媳妇的储蓄基础课。

零存整取是定期储蓄的一种基本类型。它是指储户在存款时约定存期、每月固定存款、到期一次支取本息的一种储蓄方式。

一般储蓄的利息等于"本金×存期×利率"，而零存整取储蓄的利息，等于"月存金额×累计月积数×月利率"，其中"累计月积数=（存入次数+1）÷2×存入次数"。

进行零存整取有四个需要注意的地方。

首先，零存整取要注意存款金额。这个固定的存款金额，可以由新媳妇自己确定，最低5元起存，存期分1年、3年和5年；每月存入1次，中途如有漏存，可在次月补齐。如次月未补存，则视为违约，将无法继续存钱于该零存整取账户。

其次，零存整取的开户手续与活期储蓄的开户手续相同，只是要注意，零存整取，每月要按开户时约定的金额进行续存，而提前支取时，需凭有效身份证件支取，零存整取的利率，一般为同期定期存款利率的60%。

再者，零存整取可全部提前支取，但不得部分提支。

最后，零存整取没有转存或续存业务，若到期不取，逾期的利息，将按照活期利率计算。

零存整取到底简单还是不简单？

许多新媳妇认为，每月去银行排队存"零钱"，既费时又费力，其实，零存整取的好处还是很多的，特别适合初学理财的人。它不一定需要去银行排队，定期从工资账户转入零存整取账户也是个不错的选择。新媳妇们千万不要小看零存整取，看似简单的零存整取，其实并不简单。

不简单的理由一：零存整取的利息高于活期储蓄的利率。虽然零存整取的利率低于整存整取定期存款的利率，却高于活期储蓄的利率，所以，别嫌它麻烦，有钱可赚，干吗不存？

不简单的理由二：零存整取能够培养储户良好的理财习惯。零存整取，集零成整，不仅能帮助新媳妇积累财富，还能帮助新媳妇培养理财习惯。零存整取的计划性、约束性、强制性，对理财新手来说，具有极大的监督力和约束力，有助于养成良好的理财习惯。并且，当定期存款成为每月必须的“支出”时，日常消费可支配的现金数量自然降低，这不仅约束了一家人的消费欲望，还可以帮助大家改掉花钱大手大脚的坏习惯。

第四节　分期付款值不值

分期付款，实际上是卖方向买方提供的一种贷款，卖方是债权人，买方是债务人。买方在只支付一小部分货款后就可以获得所需的商品或劳务，但是因为以后的分期付款中包括有利息，所以用分期付款方式购买同一商品或劳务，所支付的金额要比一次性支付的货款多一些。

分期付款是“舶来品”，第二次世界大战以后，随着生产力的迅速发展，西方发达国家工、农业生产的规模日益扩大，所需费用也日益增加，西方发达国家在不断发展银行信用服务的基础上，推出了分期付款的信用方式。最初，分期付款只用于大企业采购大型机械和原料，后来普及到一般日用商品或劳务服务的购买中。

如今，伴随着中国金融服务的完善以及人们消费习惯的改变，分期付款的消费方式已逐渐被国内消费者认可。采用分期付款方式进行消费，也日渐成为消费需求旺盛的年轻人的首选。

不过，在“分期”流行的同时，一个颇具争议的话题应运而生：分期付款，到底值不值？

分期付款到底给我们带来了什么？

分期付款给我们带来了很多不曾想到过的便利。很多年以前，作为工薪阶层的我们，对车子、房子都抱有奢想，因为我们实在很难在几年甚至十几年内存下可以支付一辆车子、一套房子的全款；然而很多年后的今天，我们对车子、房子，都生出了瑰丽的期望，因为我们有可能在几年内存下一辆车子或一套房子的首付，我们可以提前拥有我们梦想的生活，然后住在梦想的房子里，开着心爱的轿车，努力工作、认真生活，去还清银行的分期贷款。所以，分期付款，让我们更快地接近梦想。

然而，分期付款也让我们成了“房奴”、“车奴”，以及其他物品的“奴隶”，分期的月供和利息，让我们不得不拼命工作、努力还贷，以便早日脱掉“奴隶”的外衣，轻松自由、真实完整地拥有自己现在拥有的一切。

虽然，各大银行纷纷出台“免息分期”业务，可分期还是一道幸福的枷锁，套住了我们未来的收入，未来的自由。而且很多分期付款绝不可以免息，比如分期付款购买房子、车子，这样你所要支付的分期款加起来，绝对比一次性付款要高得多。所以，分期付款是一把双刃剑，值与不值，全看你的选择。

分期付款的实施步骤：

步骤一：分期付款由银行和分期付款供应商联合提供，银行为消费者提供相当于所购物品总金额的个人消费贷款，消费者采用分期付款方式在分期付款供应商处购买商品，用银行提供的贷款向供应商支付货款。

步骤二：消费者和分期付款供应商在成交时签订契约，买方在一定时期内分期向银行交付货款，每次交付货款的日期和金额均事先在契约中写明。

步骤三：供应商为消费者，向银行提供担保，承担不可撤销的债务连带责任。

相较于其他的付款方式，分期付款的优势在哪里?

分期付款的显著优势在于，促使卖方完成促销活动。

分期付款的基础优势在于，给买方提供了购买便利。

分期付款的价格优势在于，担保人直接由商家担任，贷款手续非常简单。而普通贷款，不仅需要担保人，还要求各种资格认证，贷款手续复杂，放贷时间较长。

分期付款的综合优势在于，分期付款的类型、期限与额度，可选择范围较大，它让消费者实现了先享受，再买单，所以对消费者来说极具吸引力。

分期付款到底值不值?

要讨论分期付款值不值，就要先了解两个概念：一个是货币的时间价值，一个是商品的价值属性。

所谓货币的时间价值，其实就是我们常说的利息或利润。金钱如果不用来消费，储蓄在银行里，便可生成利息；用来投资，就会有利润。这些利息或利润，就是货币的时间价值。所以，在商业合同中，常常有关于付款时间的规定，例如“年初付还是年底付”、“项目始付还是项目后付”，都需要在商业合同中予以明确，都要计入该合同的时间价值中。

假设一个公司的年利润率为 10%，年初的 1 万元，到年底就变成了 1 万 1 千元，因此，如果年初付款，公司就少了 1 万元投入，也就相应少了 10%的利润，也就是 1 千元的收入。那么在个人生活中，分期付款给我们带来的，正是货币的时间价值，如果取消分期，那等于我们要在“项目始付”，就失去了这部分货币的时间价值。所以，从货币的时间价值上讲，分期付款非常划算。如果我们用分期付款的金额进行短期投资，那么我们就可能获取比分期付款的利息更大的利润。

第二个概念就是商品的价值属性。商品的价值，包括它的使用价值和交换价值。如果其交换价值能够实现不断增值，那么该商品就是增值商品，反之，则是贬值商品，如果交换价值能够常年维持原价，则称为保值商品。显然，在目前的市场规律下，房子是增值商品，汽车是贬值商品，黄金是保值商品。如果分期付款购买了增值商品，并且其增值比率明显大于银行利率，那么分期付款就是划算的；如果分期付款购买了保值商品，那么保值商品在通货膨胀的作用下，略有升值，并且其升值率大约或等于银行利率，那么分期付款也是划算的；可如果购买了贬值商品，分期付款就不划算了，当然，先消费先受益，你也获得了提前享受所带来的消费满足和心理满足。

最后，还要提醒所有的新媳妇，一定要注意分期付款的手续费。手续费的高低，也决定着分期付款的值与不值。现在商家们推行的“信用卡免息分期还款”，很多都不是“免费的午餐”，有的手续费比同期的贷款利率还要高。当手续费的比率高于商品的增值比率，看似再诱人的分期付款，也不值得选择，当然，如果这件商品你急需使用，不买不可，而手上的资金又不够，那么除了分期付款，你别无选择。

第五节　理财的金钥匙：债券

30多年来，我驰骋在债券投资领域，从未曾减少对它的热爱。

——华尔街“债券之王”比尔·格罗斯

在中国，一个人如果生于大富大贵之家，并且在家族里非常受宠，就会被说成是“含着金钥匙出生”的人；而在理财的世界里，风险相对较低、收益相对稳定的债券，则被称为“家庭理财的金钥匙”。为什么债券被称为理财的“金钥匙”？因为债券不仅可以带来财富，还能够锁住风险。

什么是债券？

债券，就是政府、金融机构、工商企业等机构，直接向社会借债筹措资金时，向投资者发行的，承诺按一定利率支付利息并按约定条件偿还本金的债权债务凭证。

债券的本质，就是债的证明书，它具有法律效力，约定了债券购买者与发行者之间的债权债务关系。债券发行人就是债务人，而投资者或债券持有人就是债权人。

债券的基本要素主要包括债券面值、债券价格、债券还本期限与方式，债券利。

债券一般都规定有偿还期限，发行人必须按约定条件偿还本金并支付利息。债券投资属于债权性投资，债券持有人只是定期获取利息，并到期收回本金。

与银行信贷不同的是，债券是一种直接债务关系。它可以在市场上进行买卖。

债券有哪些品种？

第一种：国债，由国家发行的债券就叫做国债，它具有最高的信用度，被公认为“最安全的投资工具”。

国家债券具有以下特点：

首先，国债流动性强，变现容易。由于政府的信用度高，所以国债发行额巨大，发行极为容易，由此造就了一个发达的二级市场，这也为国债的自由买卖和转让带来了极大的方便。

其次，国债可以享受许多免税待遇。与其他收益的证券相比，国债可以享受更多的税收减免。

再次，国债能够满足不同团体、不同金融机构及不同个人的资金需要。国债可以作为无需交纳现金的保证凭证，国债的持有人还可以用它做担保获取贷款。

最后，国债的还本付息由国家做保证，其利率较其他债券也低一些。

第二种：政策性银行金融债，又称政策性银行债，即我国政策性银行（包括国家开发银行、中国农业发展银行、中国进出口银行），为筹集信贷资金，经国务院批准，由中国人民银行用计划派购的方式，向邮政储蓄局、国有商业银行、区域性商业银行、城市商业银行以及城市合作银行、农村信用社等金融机构发行的金融债券。政策性金融债券的发行主体主要是国家开发银行。

第三种：特种金融债券，即经过中国人民银行批准，由部分金融机构发行，所筹集的资金专门用于偿还不规范证券回购债务的有价证券。

第四种：企业债，即从事生产、贸易、运输等经济活动的企业发行的债券。在西方国家，只有股份公司才能发行企业债券，所以在西方国家，企业债券即公司债券。在中国，企业债券泛指各种所有制企业发行的债券。企业债券发行后可以转让。

为什么债券被称为“理财的金钥匙”？那是因为债券具有以下五个特点，所以被称为最让人放心的投资方式。

债券投资风险最小。所有债券，都有规定的还本付息日，而且债券持有人的追偿权，位列股东之前，所以，债券投资到期就能够收回本金。特别是政府发行的债券，由于有国家财政作后盾，其本金的安全性较高，被视为无风险证券。

债券投资收益高于银行存款。在中国，债券的利率高于银行存款的利率。投资债券一方面可以获得稳定的、高于银行存款利息的利息收入，另一方面还可以在债券价格上升时，卖出债券赚取价差。

债券投资收入最稳定。债券投资的收益，是票面金额加上票面金额乘以票面利率得出的利息收入，再减去债券转让价格的余额。债券投资的收入与发行公司的经营状况关系不大，因而债券投资的收益最为稳定。

债券价格波动较小。债券的价格，会根据债券市场的变化，发生一定的波动，但价格不会偏离其价值太多，波动性相对较小。

债券的市场流动性最好。许多债券，如政府及大企业发行的债券，都可在金融市场上随时出售，具有较好的流动性。而且，随着金融市场的进一步开放，债券的流动性将不断增强。因此，投资债券，既能获取固定收入，又能够实现长期的投资目标，是最轻松、最安全的投资方式。

虽然债券作为理财的金钥匙，拥有很多优势，但也并非完美无缺。

例如，在利率上扬时，债券价格会下跌；再比如，债券对抗通货膨胀的能力较差；还有，债券的投资本金的安全性，和发行机构的信用关系密切；另外，债券的投资利润，受利率风险影响。因此，投资债券也要控制风险，也要遵循以下三个投资原则：

原则一：收益性原则。

不同种类的债券，收益各不相同。新媳妇应根据实际情况选择债券类型。国家发行的债券，一般没有风险；企业债券，存在一定的风险。然而，风险越高报酬越高，企业债券的收益肯定要比政府债券的收益高。所以在投资债券时，一定要坚持收益性原则，选择收益相对较高的债券。

原则二：安全性原则。

债券投资相对其他投资工具更为安全，但安全也是相对的，债券投资的安全性，会因经济环境的变化、发行人经营状况的变化而变化。因此，投资债券一定要考虑不同债券品种的安全性。例如，就政府债券和企业债券而言，企业债券的安全性就不如政府债券。根据安全性原则，可进行不同品种债券的搭配组合。

原则三：流动性原则。

债券的流动性强，就意味着债权人能够以较快的速度，将债券兑换成货币，并且，以货币计算的债券价值将不受损失或损失较小，如果债券不能够尽快兑换，兑换损失较大，那么则表明其流动性较差。影响债券流动性的主要因素，是债券的期限。期限越长，流动性越弱；期限越短，流动性越强。另外，不同类型债券的流动性也不同。政府债券在发行后就可以上市转让，流动性较强；企业债券的流动性就有很大的差别了，那些资信卓著的大公司或规模小但经营良好的公司发行的债券，其流动性往往较强，而那些规模小、经营差的公司发行的债券，其流动性就要差得多。所以，新媳妇在投资债券时，一定要根据流动性原则，选取合适的债券品种。

第六节　银行个人理财业务——不容错过的“商机”

银行个人理财业务，是指商业银行为个人客户提供的财务分析、财务规划、投资顾问、资产管理等专业化服务活动。

——中国银行业监督管理委员会令 2005 年第 2 号《商业银行个人理财业务管理暂行办法》

香港银行界有句至理名言：“服务就是银行的唯一产品。”而一项调查结果显示，大多数上海市民认为“未经专家指导的自发理财方案有很大风险”，这表明，银行个人理财服务已经逐渐被百姓认可，而且现在也越来越受到百姓的青睐。对生活繁忙、精力有限的新媳妇们来说，银行个人理财业务，更是一个不容错过的“商机”。

什么是个人理财业务?

个人理财业务又称财富管理业务，即商业银行为个人客户提供的财务分析、财务规划、投资顾问、资产管理等专业化服务的活动。其主要包含顾问和受托两种服务。

在国际上，成熟的个人理财服务是指银行利用其掌握的客户信息与金融产品，帮助客户分析自身的财务状况，通过了解和发掘客户需求，帮助客户制订财务管理目标和计划，并最终帮助客户选择金融产品，以实现客户理财目标的一系列服务的过程。

而在中国，个人理财业务方兴未艾，主要是客户经理根据客户自身的风险偏好以及理财目标，为客户推荐一些金融产品，包括储蓄、国债、保险、基金等理财品种，并提出资产组合的建议，由客户自己决定是否购买。

按照管理运作方式的不同，商业银行个人理财业务可以分为理财顾问服务和综合理财服务。

理财顾问服务，是指银行向客户提供财务分析与规划、推介个人投资产品等专业化服务。客户在接受理财顾问服务后，自行管理和运用资金，并获取和承担由此产生的收益和风险。

综合理财服务，则是指银行在向客户提供理财服务的基础上，接受客户的委托和授权，按照与客户事先约定的投资计划和投资方案，进行投资和资产管理的业务活动。在此项活动中，客户授权银行代表自己，按照合同约定的投资方向和方式，进行投资和资产管理，投资收益与风险由客户与银行按照约定方式分享和承担。

个人理财业务究竟能够带来什么？

首先，可以带来更高的投资收益。

银行的专业理财人员对投资市场的把握，通常比个人更为敏锐。他们具备资本、金融、投资、贸易等方面的专业知识，能够灵活运用各类金融商品和投资衍生工具，为客户提供服务。相对来说，按照其提供的理财方案和投资计划理财，能够获得更高的投资收益。

其次，能够获得更周详的理财服务。

银行的专业理财人员会根据客户的年龄、职业、性别和家庭的组成、每个家庭成员的需求，以及整个家庭对风险的承受力，为客户打造专属的理财方案，让客户又省心又获利。

再次，可以根据市场变化及时调整投资计划，根据家庭需求及时调整理财方案。银行的专业理财人员，会定期访问客户，根据客户财务需求的变化，及时调整服务内容。他们紧盯市场，会根据市场变化，及时调整投资计划，让客户最大限度地避免投资风险，获得理财收益。

当下，银行个人理财业务风头正健、后劲十足，但由于此项业务实施不久、有待完善，所以机遇与风险并存，新媳妇在购买银行个人理财业务时，需要注意以下几点：

Tips 1：认真分析业务风险。商业银行在编写有关个人理财业务的介绍和宣传材料时，风险提示常常不够充分。所以，新媳妇在购买时，一定要认真分析相关业务的具体风险。

Tips 2：外汇交易必须谨慎。在全球金融一体化趋势下，外汇业务正逐渐成为个人理财业务的推荐热点，但由于我国金融市场尚不完善，银行相关从业人员缺乏从事国际衍生交易的经验，所以涉及外汇交易的理财项目新媳妇一定要再三斟酌，谨慎投资。

Tips 3：货比三家再做决定。在各大银行的营业厅里，都摆放着介绍理财产品的小册子或宣传单，但事实上，很多银行缺乏针对客户个人的个性化方案推介，这需要客户自己仔细甄别，认真选择。同时，有　些新型个人理财业务尚在探索阶段，新媳妇在选择个人理财业务时，一定要多方搜集信息，“货比三家”再做决定。

Tips 4：不断充实理财知识。我国商业银行的个人理财产品，同质化趋向严重，在财务策划、投资规划上，缺乏高端技术人才，所以新媳妇在购买个人理财业务后，还要不断自学理财知识，研究投资工具，认真管理自己的投资项目，以确保自身的资金安全和投资增值。

第七节 黄金是不是投资理财的“保险杠”

黄金是一个经典的泡沫，或许金价上涨的动力依旧存在，但金价面临逆转，人们要注意黄金市场的风险。

——股神巴菲特

黄金是天然的货币，是世界公认的商品流通的等价物，曾被人称作“永不落伍的投资工具”。当下，黄金投资市场异常火爆，黄金投资前景十分乐观。那么，对于新媳妇来说，黄金究竟是不是投资理财的“保险杠”？黄金是不是家庭理财的“点金石”？面对暴涨的金价，股神巴菲特却这样说：“黄金是一个经典的泡沫，或许金价上涨的动力依旧存在，但金价面临逆转，人们要注意黄金市场的风险。”可见，投资黄金也不可掉以轻心！

如何投资黄金？

新媳妇要想投资黄金，首先要了解投资黄金的方式。

传统的黄金投资方式就是黄金窖藏，人们将自己的金融资产，换成各种黄金制品，收藏起来，以防货币贬值而使金融资产缩水给自己带来损失。这种投资，主要利用了黄金的保值功能。

现代的黄金投资方式，主要利用黄金的增值功能，通过跨期、跨市和跨品种的交易方式，来获得价差收益。所谓跨期，就是利用不同时期所出现的价格差异进行买卖套利；所谓跨市，就是利用不同市场之间的价格差异进行买卖套利；所谓跨品种，就是在不同的品种间出现价格差异时，进行套利交易。跨期、跨市和跨品种，是黄金投资中最常见的三种获利方式。

再次，新媳妇要熟悉黄金投资工具，即我们所说的“黄金投资品种”。目前，在黄金市场上，主要有实物黄金、纸黄金、现货黄金和黄金T+D这四种较为流行的黄金投资工具。

实物黄金，就是指金条、金币以及黄金首饰等黄金制品，实物黄金以1∶1的形式买卖，即多少货币购买多少黄金，这是最常见、最保守的黄金投资品种。

纸黄金，又称黄金凭证，是黄金投资的主要工具之一，投资者的交易记录只在个人预先开设的“黄金存折账户”上体现，不发生实物黄金的交换，投资者通过把握国际金价走势，低吸高抛，赚取黄金价格的波动差价。

现货黄金，俗称伦敦金，是利用资金杠杆原理进行的一种合约式买卖，根据国际黄金保证金合约的交易标准，利用1盎司黄金的价格，购买100盎司黄金的交易权，投资者利用这100盎司黄金的交易权进行买涨卖跌，赚取中间的差额利润。在补足差价后，还可提取实物黄金。

黄金T+D（“T”是“Trade（交易）”的首字母，“D”是“Delay（延期）”的首字母）是指由上海黄金交易所统一制定的、规定在将来某一特定的时间和地点交割一定数量标的物的标准化合约。黄金T+D类似于股票的T+1交易模式，即股票今天买了今天不能卖，必须等到下一个交易日后才能卖，而黄金T+D的D没有限制，也就是说，黄金T+D可以随时买卖。

为什么说黄金是投资理财的“保险杠”？

黄金作为投资工具之一，一直以来深受百姓关注，那么，投资黄金到底有哪些优势，为什么说黄金是投资理财的“保险杠”？

第一，投资黄金，在税收上具有最大的优势。黄金是税收负担最轻的投资项目，其交易过程中所包含的税收，只有黄金进口时的报关费用一项。相较之下，其他的投资品种，都存在各种隐形税收项目，比如在股票投资中，进行转手交易时，投资者必须缴纳一定比例的印花税，而在买卖基金时，投资者必须缴纳一定比例的手续费。

第二，黄金的产权转移最便利、最快捷。在黄金市场上，任何人都可以公开购买黄金，还可以自由转让黄金，特别是实物黄金，且不需办理任何登记，即可随意转移产权。

第三，黄金是全世界公认的典当品种。投资黄金还有一个最大的好处，那就是当资金周转不灵时，可以典当黄金，典当之后，在约定的期限内还可赎回。只需一份检验黄金纯度的报告，便可在任何一个国家的典当行顺利典当。

第四，黄金能够永久保值。随着时间的推移，大部分商品都会出现老化、腐旧的现象，而黄金在长久储存后，虽然可能失去光泽，但质地却不会发生变化，因此具有恒久的保值功能。

第五，黄金是对抗通货膨胀的最佳利器。近年来，通货膨胀愈发严重，各国货币价值严重缩水，物价越来越高。黄金的价格也随着通货膨胀出现相应的上涨，并且其平均上涨比率高出了通胀率，故黄金投资成了避免通胀损害的最佳利器。

第六，黄金市场不会被人操控。百姓投资，最害怕的无非是投资市场被庄家操控，比如股票市场，就常常会出现庄家人为性操控的情况。但黄金市场却不会出现这种情况。黄金市场属全球性投资市场，没有一个财团的实力，能够大到可以操纵金市，所以投资黄金最安全、最放心。

第七，没有时间限制，随时可以交易。不管是实物黄金还是期货黄金，都可随时进行交易，黄金市场不像股票市场，定时开盘收盘，不管是在香港、伦敦，还是美国，投资者24小时都可以进行黄金交易，随时获利。

黄金是最保险的投资方式，然而既然是投资，就会有风险，黄金也不例外。

Tips 1：价格随影响因素波动大。当影响黄金价格的因素突然发生巨大变动，比如重要的经济指标发生变动、战争爆发、政府政策改变或汇率剧烈变动，黄金价格就会出现较大波动。所以，投资黄金也存在一定的风险。

Tips 2：存在网络交易技术风险。期货黄金的买卖中，由于是通过网络交易，其时间的准确性和操作的安全性，就受到电子信息系统的稳定性的影响，存在技术风险。这种风险既来自计算机故障、意外停电，也来自网络攻击、病毒破坏，所以，一定要认真维护网络系统，尽量降低交易的技术风险。

第八节　把鸡蛋放进三个篮子

不要把鸡蛋放在一个篮子里。

——《堂吉诃德》

2008年，美国次贷危机爆发，引发了全球金融危机，全球股市、楼市和汇市等投资市场也发生了剧烈波动。如今，这场危机虽已过去，但瞬息万变的投资市场还是让新媳妇们忐忑不安，在这个充满未知的经济社会里，如何保护自身的财产安全，实现财富的不断积累呢？最好的办法就是调整自己的投资策略——把鸡蛋放进三个篮子里。

理财投资与三篮子鸡蛋的关系。

从前，有一个村姑，下山去集市卖鸡蛋。村姑装了满满一篮子鸡蛋，高高兴兴地往山下走。山路崎岖，村姑一不留神，摔了一跤，整篮的鸡蛋落地，全都摔碎了。村姑难过极了，回到家，她装好了第二天要卖的鸡蛋，这一次，她把鸡蛋分别装在三个小篮子里，每次下山只拎一个小篮子。虽然一天要多跑两趟才能卖完所有的鸡蛋，但总比一次装一大篮子鸡蛋保险得多，即便是不小心摔倒了，也只损失了三分之一的鸡蛋。

理财投资，其实就像村姑卖鸡蛋。鸡蛋易碎，在储存和销售时，都应格外小心。一个篮子用久了，也难免编条松动出现漏洞，造成鸡蛋掉落摔碎；而在提篮子时，一旦分心滑落在地，所有鸡蛋便全都“报销”。另外，市场价格阴晴不定，若把所有鸡蛋放在同一个篮子里一同卖出，无论其价格上涨还是下跌，都无法规避风险，获取差价。正如西班牙作家塞万提斯在其作品《堂吉诃德》中所说“不要把鸡蛋放在一个篮子里”，投资者也千万不要冒险把所有的“鸡蛋”都装进一个“篮子”里，把“鸡蛋”放进三个不同的“篮子”，分散投资，风险才更小，利润才更大。

究竟该把鸡蛋放进哪几个篮子里？

投资理财，“篮子”很多，储蓄、国债、股票、基金、黄金……然而，究竟该把“鸡蛋”放进哪几个“篮子”里，就要因人而异，因家而异了。

根据投资组合的不同，可以分为不同的“篮子”。有积极、中庸和保守三种投资组合模式，采用哪种模式，需要根据投资人或者家庭主要投资者的年龄来确定。大体上，可遵照“100减去目前年龄”的经验公式来确定投资组合的模式。如果你现年 30 岁，就应采取积极的投资组合模式，将 70%的资金投进股市这个篮子，把 30%的资金投进保险和储蓄这两个篮子。如果你现年 50 岁，就应该采取中庸的投资组合模式，把 50%的资金投进股市这个篮子，把剩余的资金投进黄金和储蓄这两个篮子。

如何把鸡蛋放进三个篮子?

把鸡蛋放进三个篮子，具体实施方法如下：

在 20 到 30 岁时，由于距离退休的日子还远，风险承受能力最强，可以采用积极成长型的投资模式。尽管这时期由于准备结婚、买房、置办耐用生活必需品，要有余钱投资并不容易，但你仍需要尽可能地投资。按照“100 减去目前年龄”的公式，你可以将 70%~80%的资金投入各种证券。在这部分投资中，你还可以再进行组合，譬如，20%多投资普通股票，20%多投资基金，余下的 20%多进行定期存款或购买债券。

在 30~50 岁时，家庭成员逐渐增多，承担风险的能力比上一段时期相对小些，但仍应以让本金尽快成长为目标。这期间至少应将资金的 50%~60%投资在证券方面，剩下的 40%~50%投资在有固定收益的投资项目中。投在证券方面的资金可采取 40%投资股票，10%购买基金，10%购买国债的投资组合。投资在固定收益的投资项目中的部分也应分散投资。这种投资组合的目的在于在保住本金之余还有适当获利，同时还可以留一些资金供家庭日常生活之需。

在 50~60 岁时，孩子已经成年，父母已经年迈，而个人又到了事业的高峰期，所以投资应以稳妥为主，集中精力加大储蓄。“100 减去目前年龄”的投资法则仍然适用，但应将 40%的资金投在证券方面，60%的资金投在有固定收益的投资项目上。此种投资组合的目标是维持保本功能，并留些资金供退休前的不时之需。

到65岁之后，多数投资者都会将大部分资金投在相对安全的固定收益投资项目上，因此，可以将65%的资金投入债券或固定收益型基金，25%购买股票，10%用于银行储蓄。

把鸡蛋放进三个篮子，其实也是有诀窍的。

Tips 1：根据投资对象流动性的不同来分散投资风险。股票、基金、债券流动性较强，投资风险依次降低；黄金及贵金属投资，投资风险较小，包括一些高档艺术品，都具有极强的抗跌能力，投资风险较小。所以，按照投资对象的流动性，把“鸡蛋”放到不同投资品种的“篮子”里，合理搭配，就能分散投资风险。

Tips 2：相同的投资品种，在不同的时机进行投资，风险也会大不相同。如果在底部买进股票，在牛市时，就可以大赚一笔，而如果在高位买进，那么一旦遭遇熊市，就可能被深度套牢，长期不能解套；一些艺术品投资，也非常讲究时机，如艺术家的年龄段、市场的热点品种，都决定了投资风险的大小。

Tips 3：不同地域的政治、经济和文化环境不同，投资风险也有所不同。比如，在北京、深圳和上海，投资固定资产收益可观、风险不大，而在二三线城市，收益微薄、存在风险。

第九节　宇宙间最大的能量是复利

复利是世界第八大奇迹，其威力比原子弹更大！

——美国物理学家爱因斯坦

什么是复利？

到过美国纽约的人都知道，纽约最昂贵的地产区域，是纽约市的中心——曼哈顿区。可谁又能够想到，1626 年，白人用仅仅价值 24 美元的玻璃珠，就把曼哈顿从印第安人手里买来了。今天的美国人谈起此事，大都取笑当时的印第安人太傻，那么好的一块地皮，竟然只卖了区区 24 美元。但是美国著名的基金经理彼得·林奇却不这样认为，他计算过，如果当时的印第安人把这 24 美元存在银行里，就算每年仅得到 8% 的利息，那么时至今日，这 24 美元连本带利的总额，也已经远远超过曼哈顿区今日的总价值是其 1000 倍。为什么会有这样的结果？这，就是爱因斯坦口中“20 世纪最伟大的发明”——复利的威力。

所谓复利，就是由本金和前一个利息期内的应计利息共同产生的利息，即由未支取利息和本金一起，按照本金的利率赚取的新利息，常称息上息、利滚利，不仅本金产生利息，利息也产生利息，所以复利可以把每一分赢利全部转换为投资本金。

有人曾做过这样一个实验，如果你有 1000 元用来投资，假设常年的复利报酬率为 34%，那么 40 年后，这笔投资会有多少？被实验者给出的答复基本都介于 1 万到 100 万，答得最高的是位主修经济学和统计学的学生，他给出了 1000 万元。最后，正确的答案令人瞠目结舌，竟然是比 1000 万还要多 30 倍以上的 37500 多万元，也就是说，1000 元的投资，40 年后就取得 37 万倍以上的报酬！

所以爱因斯坦说：“复利是世界上的第八大奇迹，其威力比原子弹更大！”

复利计算公式：$S=P(1+i)^n$

其中：P= 本金；i= 利率；n= 持有年期限；S 代表本利和。

P、i、n，是复利的“三要素”，直白地说，它们分别表示：投入资金的数额、实现的收益率情况和投资时间的长短。通过公式 $S=P\ (1+i)^n$，我们不难看出：投资得越久，财富累积得越快。

假设你在 7 岁时存了 1 元钱，按年复利收益率 100%计算，第 1年年末，你将得到 2 元，把这 2 元继续按 100%的收益投放，第 2 年年末是 2×(1+100%)=4 元，第 3 年年末就是 4×(1+100%)=8 元……如此反复 40 年，等到你 47 岁的时候，到底会收益多少呢？答案是：1.995 万亿元！

新媳妇之复利的教训。

话说一个周末，李先生携新媳妇去王家做客。刚入王府，便看见王先生、王太太正在打高尔夫。于是，两家人便商议着切磋一番，但单纯的打球又过于单调，因此，王先生提议小赌一下。规则如下：高尔夫球洞共 18 个，谁胜 1 洞就可赢 10 元。

新媳妇说：“您开玩笑吧，18 洞下来，输赢不过 180 元，有赌等于没赌！”这时，王太太说话了：“不如这样，我们换个赌法，第 1 洞 10 元，往后每加 1 洞，赌金加倍。”新媳妇脱口而出：“加倍就加倍，反正才 10 元。”

王先生的球技果然名不虚传。前 4 洞打完，李先生和新媳妇已输掉 4 洞：第 1 洞 10 元，第 2 洞 20 元，第 3 洞 40 元，第 4 洞 80 元。李先生有些着急了，可新媳妇却感觉虽然赌金在加倍，输赢却不大。于是赌局继续。

前 9 洞打完，李家夫妇仍未取得优势。第 5 洞输 160 元，第 6 洞输 320 元，第 7 洞输 640 元，第 8 洞输 1280 元，第 9 洞输 2560元。此时，王太太问新媳妇还要不要继续。新媳妇心里不服气，仍然认为输赢不大，便非常肯定地说：“继续，谁怕谁！”最后，后 9 洞的结果是：原本第 1

洞的 10 元，在第 10 洞变成为 5120 元，第 11 洞 10240 元，第 12 洞 20480元，第 13 洞 40960元，第 14 洞 81920元，第 15 洞 163840元，第 16 洞 327680 元，第 17 洞 655360 元。而第 18 洞竟然让他们输掉 1310720 元。一场球打下来，李家夫妇竟然输了 260 万元，新媳妇欲哭无泪！

所以，要理财，一定要认识复利，千万不要小看不断地利滚利、利上加利，复利会让原本不起眼的小钱，变成可怕的天文数字！

复利的持续累加是一件相当可怕的事情，即便基数很小，但只要遵循复利计算原则，持续累加下去，也能创造出惊人的结果。

有这样一个传说。在古代印度，有一次，国王打算奖赏国际象棋的发明人——宰相西萨·班·达依尔。国王问他想要什么，他对国王说："陛下，请您在这张棋盘的第 1 个小格里，赏给我 1 粒麦子，在第 2 个小格里给 2 粒，第 3 小格给 4 粒，以后每一小格都比前一小格加一倍。最后，就请您把摆满棋盘上全部 64 格的麦粒，都赏给您的仆人我吧！"国王觉得这要求太容易满足了，就答应给他这些麦粒。

当人们把一袋一袋的麦子搬来，一粒一粒开始计数时，国王才发现：就是把全印度甚至全世界的麦粒全拿来，也满足不了宰相的要求。那么，宰相要求得到的麦粒到底有多少呢？通过复利计算公式，我们可以算出麦粒的总数：

1（第一格）+2（第二格）+4（第三格）+8（第四格）+…+2^{63}（第 64 格）=$2^{64}-1$=18446744073709551615（粒）

这个数据太抽象，不好理解，我们可以换一个更直观的说法。

据粮食部门测算，1 千克大米约有米粒 4 万粒，按照这个比例计算，最后宰相应得到的总粒数换算成标准吨后，约等于 4611 亿吨。根据国家统计局的统计数字显示，2009 年全年，中国粮食总产量约为 5.3 万吨。目前，中国的粮食年产量，是中华民族历史上粮食年产量的最高纪录，就是这个最高纪录，也不过是5.3万吨。那么4611亿吨，将是我国多少年的粮食总产量的总和呢？由此可见，复利的威力是多么的惊人！

我们再来用一个更形象的例子，通过复利计算公式，来展现复利所创造的奇迹。

一张纸，假设它足够大，对折，再对折，一共对折64次，会有多高？有人回答1米，有人说10米，有人说一座大厦那么高。还是让我们用复利计算公式来算算吧。

按照复利计算公式，纸张最后是2^{64}层厚，即18446744073709551616层，以一本字典为例，500页的字典，厚0.045米，(18446744073709551616/500)×0.045=166020696（万千米）。这个长度是什么概念？地球到月球的距离是38.4万千米。166020696万千米相当于4323455.625个地球到月球的距离，也就等于往返地球到月球共计2161727.8125趟。这是多么不可思议的结果啊！

将复利公式用在理财中，假设现在你已经30岁，每年却只有5万元结余资本可以用来投资，并且每年只能保持3%的复利收益率，那么等你退休的时候，也就是30年后，将拥有多少钱养老？按照复利计算公式来计算：$5+5\times(1+3\%)+5\times(1+3\%)^2+\cdots+5\times(1+3\%)^{30}\approx237.8771$（万）。也就是说，哪怕你每年只能够存5万元，每年的收益率仅为3%，仅仅高于银行两年期定期存款利息率2.79%，在30年后，你60岁的时候，依旧能够拥有至少237万元的养老金，这是多么令人鼓舞的一个结果！

第 3 章

Chapter 03

拉老公的手，一起走进理财生活

第三章 拉老公的手，一起走进理财生活

家是两个人的世界，理财，也是两个人的事情，作为女主人的新媳妇，在学习理财的同时，一定别忘了自己亲爱的老公。夫妻同心，其利断金，一起学理财，轻松好生活。

第一节 严控生活预算，帮他捂紧荷包

准确预算是合理理财的第一步，通过预算可实现人生的美好规划。

——引自《每日商报》和深圳发展银行的联合理财讲座

对于大多数新媳妇来说，上有高堂，未来还有孩子，无论在精神层面，还是在物质层面，都背负着相当大的压力，为了让生活更加轻松愉快，新媳妇必须学会理财，而在学习理财的过程中，家庭的顶梁柱——老公，也是新媳妇必须严格管理、认真规范的理财目标之一。如果老公“钱袋有洞”、大手大脚，任凭你如何理财，恐也难年年有余。所以，一定要严控生活预算，帮老公捂紧荷包。

“漏钱”老公大揭底：哪种男人捂不紧自己的荷包?

第一种：花钱大手大脚，毫无理财意识。一般情况下，这种老公的荷包里只要有钱，无论数量多少，都会被迅速花光。他不是不想捂紧荷包，只是积习难改。

第二种：打肿脸充胖子，死要面子活受罪。有些老公爱面子，不管和谁吃饭，总要抢着买单。当然，他对家人也从不吝啬，这种老公最大的缺点就是存不住钱!

第三种：到哪儿都是老好人，热心助人勤出资。有这样一种老公，到哪都是老好人。没人买单，他掏钱；谁有困难，他出资。这样的老公，人缘最好，存钱最少。

对于男人来说，被老婆严加看管，口袋里天天没钱，是一件非常尴尬的事情，所以，帮老公捂紧荷包，既不能采用“三光”政策——搜光钱包、取光工资、拿光奖金，也不能采取“三不管”政策——工资不管、奖金不管、消费不管。真正能够让老公心服口服的管理办法只有一个，那就是从源头上管理，严控家庭预算。

第一步，晒收入。

男人最骄傲的事情，就是用自己的收入，养好自己的家庭。所以，严控预算的第一步，就是晒收入，通过晒收入，不仅能够增强老公的自信心，还能够增加老公的责任感。

新媳妇晒收入，一定要认真踏实。即使自己的收入比老公的收入多，也要着重强调老公收入的重要性，只有这样，才能实现“晒收入”的目的，让老公以多交为荣，以少交为耻，以养家为乐，以私吞为耻。晒完了收入，新媳妇们就可以冠冕堂皇地把老公的收入收缴“国库”。

第二步，定预算。

晒完收入，就要根据收入多少，制定出一张严格的支出预算表，让老公明了家庭的支出情况和自己的消费限额。

定完预算，新媳妇们就可按月或按周给老公们发放“银饷”了。有了严格的支出预算表，老公们就会对新媳妇们的严格管理心服口服，就会明白新媳妇们缩减“银根”的真实原因。

第三步，勤理财。

捂不紧荷包的男人们，常常会给自己找这样的借口——“钱不是省出来的”，所以，在定完家庭预算之后，新媳妇们一定要辛勤理财，让老公们看到“省出来的钱还能赚钱”，只有这样，才能够从根源上消除男人们花钱的欲望，从行动上引导老公们捂紧荷包，学会理财。

俗话说，没有不好的学生，只有不好的老师。在家庭理财中，新媳妇们一定要做一个好老师，引领老公和自己一起学会理财，只有这样，才能真正实现和谐理财，家庭幸福。

第二节　启动老公戒瘾计划

循序渐进、逐步戒瘾，而不是大刀阔斧、立刻捆绑戒除。

——中国知名财经作家叶檀

很多男人都不善于约束自己，在没有老婆的单身岁月里，抽烟、喝酒、打牌、上网，这还不算，不少男人还对这样那样的事情极度上瘾，玩单反、玩吉普、玩滑翔……这些“瘾”，将大把的银子从男人的荷包里掏走，将大把的时间从男人的生活里夺走。所以，对新媳妇们来说，老公可以有爱好，却不能有“瘾”，如果发现老公有“瘾”，请尽快启动老公“戒瘾”计划！

何为“瘾”？

所谓“瘾”，即指某种特别深的不良嗜好，也指对某项事物的特殊兴趣和癖好。我们通常所说的烟瘾、酒瘾、网瘾，就属于不良嗜好，做媳妇的，一旦发现老公有这些“瘾”，就必须迅速启动老公戒瘾计划，帮老公戒除这些不良嗜好。还有一些老公，为了满足自己的某种物质欲望，不顾家庭的实际状况，随心所欲，消费成瘾。遇到这样的老公，不管他花钱多么有理，挣钱多么有道，也要启动戒瘾计划，帮助其戒除“心瘾”。

消费欲望是理财的大敌，然而，对很多老公来说，花钱是种享受，存钱反觉痛苦，可花钱的愉悦换来的，却常常是未来的痛苦。因此，新媳妇一定要严格把关，尽早启动老公戒瘾计划。帮老公戒瘾，最重要的就是循序渐进。任何“瘾”的形成，都不是一日之功，同样，任何“瘾”的戒除，也都需要按部就班逐步实施。

戒瘾计划三步骤：

第一步，让老公明了自己的“消费级别”。

有些“瘾”必须彻底解除，比如酒瘾、牌瘾，还有些“瘾”，可以适当戒除，比如烟瘾、网瘾、兴趣瘾。其实大多数老公之所以上瘾，主要是习惯使然，新媳妇们要先让他们意识到自己的“消费级别”，意识到上瘾的坏处，才能真正启动戒瘾计划。

做媳妇的，要与老公约定：无论哪次消费，都要留下小票，无小票的商品，回家就记账，每周算消费总账，每月算消费支出。再有“瘾”的男人，也懂得赚钱的不易，当他看到自己每周、每月的“大手笔”时，定会心有不安。媳妇们再将老公购买的商品分类核算，就能够有效地帮助老公了解自己的“消费级别”，了解自己究竟有多大的“瘾”，究竟可以从哪些方面减少消费。通过一次次总结和核算，帮助老公意识到“瘾”的危害性。

第二步，督促老公戒瘾存钱。

在老公意识到“瘾”的危害性之后，新媳妇们可以建议老公戒瘾存钱，并帮助老公开设一个零存整取的储蓄账户。这样，老公就可以逐渐养成存钱的习惯，并且从零存整取中，体验到戒瘾之后的成就感。一旦老公的零存整取账户到期，媳妇就可取出这笔积蓄，存成定期存单，同时别忘了给老公买份礼物作为奖励，让他感受到你的鼓励和家庭的赞赏。

第三步，和老公一起展望美好“钱景”。

存钱，并不能彻底消除老公的“心瘾”，要将老公的“瘾”彻底戒掉，就要和老公一起展望美好“钱景”，让他有动力、有决心彻底戒瘾，和你共赴美好未来。要想让老公坚持戒瘾，认真存钱，就要设定一个能够让他心动的目标，比如存钱换一所大房子，给他买一辆他最喜欢的吉普车，带全家去迪尼斯乐园等，总之，一定要是可以让老公甘之如饴的“钱景”，然后，把这些目标统统写下来，贴在冰箱上、厨房门上、餐桌上，以及任何老公能够看到的地方，随时提醒他你们的“钱景”，这样，才能督促他彻底戒瘾，奔向未来。

第三节　夫妻恩爱，理财有方

夫妻一条心，黄土变成金。

——治家民谚

俗话说，家和万事兴。夫妻住在同一个屋檐下，睡在同一张床上，只有恩爱和睦，才能共造爱巢。然而，世界上没有完全相同的两片叶子，夫妻之间，也会有价值观与消费观的差异，也存在理财观念和理财方法的分歧。俗话说，夫妻一条心，黄土变成金，不管有多大差异，有什么分歧，只要夫妻恩爱同心，共学理财之道，定能“钱途”无量，幸福无忧。

夫妻生活数十年，通常都会经历三个时段，青年时期、中年时期和老年时期，这三个时段，家庭财务状况不同，风险承受能力也不同，因此，理财的方法也有所不同。

在青年时期，夫妻二人的年纪较轻，承担风险的能力较强，这个时段，投资理财偏向实用，风险投资比重较大。年轻夫妻理财，可将50%的结余资金用于风险投资，比如投到股票或股票基金中去，以获取较高的投资收益。此外，还可每月进行定期存款或基金定投，为即将面临的子女教育问题做好储蓄准备。

在中年时期，随着孩子的成长，家庭支出将不断上升，这个时段，家庭理财以稳健为主，要逐步减少风险投资，增加保险投资，并且要尽早启动退休养老计划，子女教育金的筹备计划。

到老年时期，夫妻收入逐渐减少，风险承担能力逐渐减弱，这个时期，理财的重点是财产的保值，生活的重点是健康的维护，所以，这个时期，保值投资、控制风险，是理财的基本标准。

夫妻理财五步走，婚姻幸福爱长久。

由于教育背景和家庭环境等各不相同，夫妻二人在价值观和消费观上，常常存在一定的差异，在理财投资上，也会出现一定的分歧，这些差异和分歧，是很正常的。要想共创美好生活，白头到老，就要认真交流、及时沟通，共同学习理财知识，探讨理财策略。

第一步，建立家庭基金。

为了培养理财意识，共担家庭责任，夫妻双方应申办一个公共的存款账号，两人每月都应将个人收入的一定比例存入这个账号，用以支付房租、水电、煤气、保险、食品、杂货等日常开销。家庭基金的存入比例，最好按AB制核算，多赚者多存，少赚者少存。在日常生活中，夫妻两人对这个共同账户的维护力度，也可反映出婚姻关系的稳定性。

第二步，共同监控支出。

在两个人组建家庭后，常常会有一人成为家中的财务主管，但这并不意味着另一个人对家庭的财务状况一无所知。夫妻理财，不管谁是财务主管，都需要两个人共同监控家庭支出，比如，可由一人管理财务，另一人核对账目。这样，家庭财务公开明晰，夫妻二人经济地位平等，感情更加长久。

第三步，保持相对独立。

21世纪的夫妻，大多崇尚自由独立，夫妻应建立各自的私人账户，由个人独立支配。这样一来，夫妻各方拥有一定的财务自由，都可以去做自己想做的事情。老公可以每个周末去打高尔夫，媳妇可以每个周末去瑜伽馆放松。当然，夫妻双方一定要如实告之对方自己的财务状况，并将配偶指定为自己的个人账户的共同所有人，这样，如果配偶一方突然生病或发生意外，另一方就能合法拥有这些账户上的财产。

第四步，投资人寿保险。

投资保险，不仅可以确保意外发生时，获得一定数额的保险赔偿，还可以保证保险到期时，在拿回本金的同时，获得一定数额的利息。夫妻双方都应投资人寿保险，并且指定对方为自己的保险受益人，这样，一旦一方发生不幸，另一方就可以得到保障。

第五步，建立退休基金。

一定要有共同的退休计划，以确保两人在年迈时还能衣食无忧。及早建立夫妻退休账户，共同积累退休基金，以便白头到老时，“钱途”乐无忧。

家用分配，是影响夫妻恩爱、和睦理财的诱因之一。家用分配有六种模式，各有优点和缺点，适合不同的家庭。

Tips 1:“一人全权支配”模式。薪水交由一个人（妻或夫），由她（他）全权支配所有家用。这种方式，适合互信基础好的夫妻。

Tips 2:“高薪者提供大部分家用”模式。高薪者提供大部分固定家用，不够的部分由低薪者贴补，这种方式比较适合日常开销较为稳定的家庭。

Tips 3:“高薪者负责所有家用”模式。这种模式适用于夫妻收入相差很悬殊的家庭。

Tips 4:“公共家用账户”模式。这种模式适用于夫妻收入相差不大的家庭。

Tips 5:“各自负担特定家用”模式。夫妻各自负责特定的家庭开销，譬如先生负责房贷，媳妇负责一般家用。这种模式适用于夫妻收入相近，且各自负责的开销相差不大的家庭，如一方支出金额浮动较大，而另一方负担金额持续下降，则容易产生矛盾。

Tips 6:“各自负责不同的理财目标”模式。一方负责短中期理财目标，另一方负责长期理财目标，这种方式适用于双方收入都较高，除去家庭日常支出还有不少结余的家庭。

第四节　改变彼此的消费习惯

理财应从消费着手。

——“理财规划师国家职业标准”创始人刘彦斌

说到理财，很多人想到的是投资，是用钱生钱，然而，“理财规划师国家职业标准”创始人刘彦斌却说：“理财应从消费着手。”在家庭理财中，培养良好的消费习惯最为重要，通过改善夫妻双方的消费习惯，可以更好地节省资金，积累财富。

什么是正确的消费习惯？

其实，所有的正确与错误，都是相对而言的，倘若你系出名门、家财万贯，哪怕你就领着家人四处闲逛、驾鹰遛狗，也没人说你的消费习惯不正确，那是你自己的选择，你有这样生活的资本。然而，对于很多出身贫寒或者家境平平的普通百姓来说，追求名牌、挥霍无度、奢侈浪费，就是不良的消费习惯。对于你来说，正确的消费习惯就是理财的坚实基础。

首先，要让自己的消费水平与家庭收入相匹配。也就是说，买得起、可以买的东西要买，买不起、太奢侈的东西不买。适度消费、合理消费，拒绝超前消费、也拒绝滞后消费，才是正确的消费习惯。

其次，要让家庭的物质消费和精神消费相适应。一般来说，物质消费有益于增进家庭成员的生理健康，精神消费则有助于增进家庭成员的精神健康，家庭消费要“两条腿走路”，物质消费和精神消费并行前进，才是正确的消费习惯。

最后，要尽量购买性价比最高的商品，让消费更科学、更合理。

究竟如何改变彼此的消费习惯？

家庭需要经营，夫妻双方要相互监督、相互鼓励，才能培养起良好的消费习惯，改变不良的消费习惯。在相互督促的过程中，不妨多用一些招数，既能够增加理财的乐趣，又能够促进习惯的养成。

第一招，夫妻快乐淘，乐购便宜货。

别说“便宜没好货”，淘到便宜货，消费乐趣多。如今，消费渠道不断拓宽，购物方式逐渐多样。同一件商品，通过不同的渠道、在不同的店铺购买，价格可能大不相同。而且，在商场开业酬宾促销、反季销售的时候，商品还会大打折扣。因此，寻找便宜货，其实是一件很快乐、很有成就感的事情。夫妻一起快乐淘货，不仅是改变消费习惯的妙招，也是增进夫妻感情的机会。

第二招，减少购物次数，转移消费欲望。

其实很多时候，消费只是一种习惯，一种欲望，很多都市男女，闲来无事，就喜欢逛超市、逛商场，本来是想休闲娱乐，可逛着逛着，就禁不住商品的诱惑、消费的欲望，开始了又一次购物之旅。事实上，很多商品都是可买可不买的，很多消费都是可有可无的。所以，要想改变彼此的消费习惯，就要减少购物的次数，转移消费欲望。闲来无事，夫妻二人，下下棋，看看书，哪怕在家里做饭、洗衣、包包子、包饺子，也比逛街强。实在不想在家里待着，就一起骑车去踏青，春光明媚天气晴好，郊外走走，心情开朗了，消费的欲望也转移了，何乐而不为？还留存了很多属于两个人的美好瞬间在脑海里，岂不是有了更多幸福的财富？

第三招，计划购物。

中国有句老话，有钱不买半年闲。事实上，现在很多家庭，都喜欢超前消费，看见商场打折、产品促销，就恨不得统统买回家，购物无计划、花钱无节制。结果，很多夫妻都储备了很多闲置物品。这些看起来便宜的促销品，常常储存到快过期了还没用上，有的即便用上了，却发现物非所值，有的甚至还存在质量问题。所以，一定要计划购物，促销再诱人，不是家庭急需品，多便宜也不买。

第四招，网络购物优惠多，货比三家认真淘。

如今，网络购物大行其道，因为其品种多、价格低、方便快捷，深受年轻消费者的青睐。当下热门的购物网站有淘宝、当当、卓越、京东等。网络商家因为不需要支付场地租金、导购工资，其商品价格相对较低，所以，网络购物也是不错的选择。而且，网络购物还有秒杀、团购等多种优惠方式。没事的时候，夫妻一起研究研究，既满足了消费的欲望，又改掉了奢侈的习惯。

第五招，永远只花80%。

养成永远只花80%的消费习惯，就可以保证家庭生活，始终有结余，夫妻消费永远不超额。不管这个月收入有多少，最多只花80%；不管这次上街口袋里装了多少钱，最多也只花80%。把80%当作一个硬性指标来实施，哪怕口袋里只有10块钱，也 定要留2块钱给家庭储蓄。这样，不管挣多挣少，都可以存下20%的收入；不管有多少消费冲动，都可以结余20%。

第六招，共用一张信用卡。

很多都市青年的钱包里，都有数张信用卡，这张刷爆了，还有那张，很多时候，持卡人自己都记不清楚，到底哪张信用卡能用，哪张不能用。夫妻两个人加起来，信用卡的数量更是惊人，多的能达到十多张。这样，每个人很容易对自己的消费行为和消费金额产生模糊记忆。

注销多余的信用卡，两个人共用一张信用卡，是改变消费习惯的好办法。由于信用卡的透支额度有限，两个人可预支的信用额度也就那么多，所以，即便夫妻两人习惯了大手大脚，在无法透支的日子里，也不得不改变消费习惯，控制消费欲望。

第五节　教老公学习如何理财

决定命运的，不是股票市场，也不是上市公司本身，而是投资者本人！

——美国价值派投资大师约翰·奈夫

被人称为“市盈率鼻祖”的美国价值派投资大师约翰·奈夫曾这样说，“决定命运的，不是股票市场，也不是上市公司本身，而是投资者本人”。这句话在理财领域，放之四海而皆准，决定理财成败的，的确不是投资市场，也不是理财产品，而是理财者本人。所以，在劳心费力地帮老公捂荷包、戒钱瘾、扳正消费习惯之后，新媳妇一定要教老公学会理财。正所谓“授之以鱼，不如授之以渔”，只有教老公学会了理财，新媳妇才能稳坐钓鱼台，财务再无忧！

反弹琵琶，“逼”老公跟你学理财。

大部分男人都喜欢研究如何赚钱，不喜欢研究如何理财。然而，不管老公是不是生来就懂得勤俭节约，是不是喜欢研究理财，媳妇们都要“教”老公学习理财，因为理财不是“勤俭”，也不是“节约”，而是一种习惯，一种技能，学会了理财，钱能生钱，幸福无忧。

不过，男人们都像孩子，媳妇们要是天天唠叨，“你看你怎么这么不会过日子，还不赶紧跟我一起学学理财”，先生们肯定会表面顺从，内心逆反，说不定还会趁你不留神，放自己单飞，出门开心消费。所以，教老公学理财，一定要反弹琵琶，“逼”着他追在你的屁股后面，求你教他学理财。

反弹琵琶方法一：激将法。

教老公学理财，苦口婆心不见得有用，反语激励却最有效。男人都是充满好奇心的大孩子，你越是不让他知道，不让他学习，他反而越有兴趣，越有耐心；你越说他学不会、弄不懂，他反而越要弄懂、学会。所以，想教老公学理财，最好先从“不教”开始。

当他安然坐在你旁边，看报纸、喝茶水的时候，你不妨说：“头疼死了，别人都能记好账，我怎么就记得一塌糊涂？”当他凑过来问：“老婆，你又在算什么账？”你不妨说：“去去去，说了你也不懂。”当他悠哉悠哉地玩网游、打游戏的时候，你不妨悄悄地走过去，把一件他喜欢的小礼物递到他面前，然后得意洋洋地说：“老公，我的股票赚钱了，给你买了个小礼物。”当他欣喜地问你：“什么股票？赚了多少？”你不妨娇嗔地说：“说了你也不明白，有本事你自己炒炒看呗！”

媳妇们可以从一些基础的理财知识“教”起。买回合适的书籍，天天拿在手里翻看，老公要想拿过去看一眼，你就赶紧收起来，“理财书没意思，你肯定不爱看”……时间长了，你就会发现，老公常常会趁你不在的时候，偷偷翻看你的理财书……老公还常常不经意地问你，“最近你又买什么股票了?”

反弹琵琶方法二：苦肉计。

男人都有“救世主”心理，即便不能做拯救世界的超人，也要做拯救家庭的超男！所以，在吸引了老公的兴趣，“教”他了解了基础的理财知识之后，不妨巧施“苦肉计”，请他来帮助。

在家庭里，要想施展“苦肉计”，就得“制造”出“苦”来，这个“苦”，要真实，要让他感觉到这个家靠你理财还是不行，必须他亲自来理财。比如，到秀水街去买一件价值不超过100元的假名牌，然后兴奋地跟他说：“老公，你看，我买了最新款的××！”等他大叫你奢侈的时候，你不妨满面愁容地说：“我一看见××就迈不动腿，下个月我不管钱了，钱在我手里都花光了！”再比如，到月底的时候，手忙脚乱地翻存折，跟他要买菜钱；到孩子交学费的时候，大叫忘了存孩子的学费钱，央求他向老板预支工资……这样的“苦肉计”用不了几次，相信你家亲爱的老公，就会对你失去耐心，“强行”霸占你财务总管的角色，开始筹划每月开支，制订理财计划了。

反弹琵琶方法三：贴金计。

老公总算学着理财了，这个时候，老婆的鼓励和赞赏最重要。千万别说你比他强，别说他理财无方，这个时候，媳妇们一定要贬低自己，抬高老公，使劲往老公身上贴金，这样，才能够让老公越来越爱管账，越来越喜欢理财。

反弹琵琶的媳妇，不要直接夸赞老公，不经意的表扬才最管用。媳妇们可以在月底的时候假装糊涂——“老公，这个月底咱家怎么还有钱买肉吃?”“老公，我记得上个月还没凑够给咱爸咱妈买保险的钱，怎么这么快就凑够了?”——诸如此类的话，时常赠给老公几句，必定让他心满意足，更爱理财。

第六节　为你和他选择一份合适的保险

别人都说我很富有，拥有很多的财富。其实真正属于我个人的财富，是给自己和亲人买了充足的人寿保险。

——香港首富李嘉诚

保险是以契约形式确立双方经济关系，以缴纳保险费建立起保险基金，对保险合同规定范围内的灾害事故所造成的损失，进行经济补偿或给付的一种经济形式。保险是最古老的风险管理方法之一。在保险合约中，被保险人支付一个固定金额即保费给保险人，前者获得保证：在指定时期内，后者对特定事件或事件组造成的任何损失给予一定补偿。在中国，随着人们风险意识的增强，保险已大踏步走进普通家庭。为所有家庭成员各买一份保险，已成为很多家庭的理财首选。就连香港首富李嘉诚都说："别人都说我很富有，拥有很多的财富。其实真正属于我个人的财富，是给自己和亲人买了充足的人寿保险。"可见，为你和他选择一份适合的保险，是理财过程中必不可少的环节。

保险的力量究竟有多大？下面这个美国爸爸的保险故事，将告诉你问题的答案。

在美国的一个小城市里，住着一位女士和她年仅六岁的儿子，这对母子相依为命，每个月依靠一张来自远方的汇款单维持生活，汇款单上的汇款人，就是孩子的父亲，这位女士的丈夫。这一天，这对母子没有像往常一样收到汇款单，却收到了一盒骨灰和一份人寿保险单。原来，孩子的父亲亡故了。不过，他在生前为自己买了一份价值30万美元的保险，并且约定在自己亡故后，由保险公司按月支付给妻子和孩子生活费，支付期限为二十年。从此，这位母亲每个月都领着儿子到银行领取保险公司汇到自己账户上的生活费。

二十年间，小男孩一天天长大，他考上了大学，又考上了研究生，最后，在硕士毕业的典礼上，小男孩叙述了自己的成长经历，他声泪俱下地说："爸爸，我爱您，这二十年，您一直与我们同在。"

由此可见，保险不仅可以减少意外事故带来的损失，还可以给全家带来稳定的经济保障。

选择保险前，需要明确那些问题？

第一，要明确你们最担心的是什么。

每个家庭，由于家庭成员的年龄不同，家庭财务的收支状况不同，所关注和担心的重点有所不同；同一个家庭在不同阶段，所关注和担心的重点也有所不同。有的家庭对家庭成员的健康格外关注，有的对意外事故格外留心，有的对财务安全忧心忡忡，还有的对退休养老特别关注。因此，在选择保险前，首先要明确最担心的问题是什么。针对最担心的问题，选择相应的保险项目。

第二，确定自己和家庭的"身价"。

针对不同的保险项目，确定自己和家庭的保险"身价"。比如意外险，其投保金额一般按照发生意外后，自己或家庭五年内的生活费和债务总和来计算。一般家庭，应按照家庭的实际支付能力，来确定可能的"身价"。一般来说，"身价"越高，保金越高。当然，投保并不一定一步到位，随着经济条件的改善，还可以不断作出调整。

第三，了解保险公司及其代理人。

投保，一定要选大公司、好公司。因为媳妇们买保险是为了避免风险，而不是增加新的风险；选择保险代理人也同样如此。不要只看眼前利益，要求代理人返佣。好的代理人，会在保险期限内，持续为你提供服务；不好的代理人，收钱很积极，理赔很拖拉。

第四，认真研究保险险种。

在了解了保险公司及其代理人之后，就要认真研究保险公司提供的保险险种。不管是意外保险、大病保险、医疗保险，还是养老保险、健康保险、理财保险，都要认真研究其保障责任、免责责任、理赔标准和理赔期限，这样，才能保证投保有效，发生意外能及时索赔。

如何为你和他买一份合适的保险?

首先，一定要审核保险业务员的工作证件，并且确定该证件在有效期之内。其次，请保险业务员依据保险条款，如实讲解该险种的有关内容。再者，在决定投保前，认真阅读各项保险条款，确保含义明确，理解清楚。

接下来，在填写保单时，如实填写新媳妇和先生的相关信息，除了少儿险，被保险人签名一栏，都应由被保险人亲笔签署。

在支付保险款项时，一定要业务员当场开具保险费暂收收据，并在此收据上签署姓名和业务员代码，当然，最好请业务员带你和先生到保险公司支付保险款项。

投保一个月后，如果未收到正式保险单，请向保险公司查询，在收到保险单后，应当场审核，如发现错漏之处，及时要求保险公司更正。

另外，如果你和先生的通讯地址发生变更，一定要及时通知保险公司，以确保持续享有保险服务。

最后，如果发生保险事故，请参照保险条款的有关规定，迅速与保险公司或保险业务员取得联系。

第七节 夫妻交友 AA 制，公平合理促致富

AA 制来源于英文“Go Dutch”，其原意是“我们去做荷兰人”，意寓像荷兰人一样“抠门儿”，无论做什么都会同对方算得清清楚楚，被美国人引申为“AA 制”。“AA”同时也是“Algebraic Average”的缩写，意思是“代数平均”，即按人头平均分担账单。香港人把 AA 作为“All Apart”的缩写，意为“全部分开”。

家庭理财，看起来是家庭内部事务，但在现实生活中，却与新媳妇和先生各自的生活圈子密切相关。比如交友，如果媳妇热情好客，或者先生喜好聚餐，那么家庭支出就会因为各自的交友喜好而发生支出结构的巨大改变。那么，究竟该如何应对各自的生活圈子，才能控制交友支出，执行理财计划呢？有一个好办法，那就是交友 AA 制。

什么是交友 AA 制？

近几年，随着生活方式的改变和生活水平的提高，同学、同事、亲戚、朋友，凑到一起，到宾馆“腐败”、到酒店打牌、一起去名胜古迹旅游……已经不再是稀罕事，那么，在交友活动中，究竟如何分摊费用，就成了一个最敏感的问题。中国人讲人情，常常抹不开面子说钱的事情，这就很容易造成矛盾和不快。后来，从国外传来交友“AA 制”，国人才终于有了明明白白分担费用的规则。

所谓交友 AA 制，就是指在聚餐、娱乐等消费活动结束时，大家均摊费用，或各自支付各自费用的交友规则。AA 制是舶来品，本意是“在餐馆吃完饭以后，各自支付自己消费的费用”，在中国演变成“平分公共费用”。

交友 AA 制，公平又合理。

交友 AA 制之所以流行，主要在于它不仅让新媳妇和先生在交际时，充分感受公平合理的消费规则，还能让媳妇和先生，节省不必要的花费，实现理财的目标。

从交友方面讲，AA 制不仅可以让双方在平等和睦的气氛中聚餐，还能让双方在心理上感受到公平，在交往中减少摩擦。

从理财方面讲，AA 制确保以最小的投入，获得最大的享受。平摊消费，不仅可以减少个人花费，还能够提高个人消费质量；平摊消费，在降低个人消费额的同时，间接地降低了家庭的消费支出，经年累月，就能够合理节省家庭支出，促进家庭理财。

AA 制交友注意事项：

Tips 1：AA 制交友，要尊重个人意愿。

AA 制消费是一种私人化的消费行为，是否参加都应该由参与者自己决定，谁也不要强迫谁。尤其对那些消费数额较大，消费时间较长的活动，一定要尊重个人意愿，只有自愿 AA 制，消费才会愉快，结账才会爽快。

Tips 2：AA 制交友，一定要事先说明。

AA 制消费，一定要事先说明，这样才能减少麻烦。即便是临时决定共同消费，也要事先说明。只有事先说明，大家心里有准备，才会顺利 AA 制，减少不必要的麻烦，避免矛盾和隔阂。

Tips 3：AA 制之前，做好消费预算。

在消费之前，AA 制消费的倡导者，应该对消费的项目和总额做好预算，并就预算金额征求大家的意见。比如四五个同事相约去某景点观光旅游，就要事先明确：往返交通费用、预计逗留天数、每天住宿费用、景点门票费用，还有伙食开支、胶卷费用等，在征得大家的一致同意后，方可购票出行。另外，在做预算时，要考虑每个参与者的经济承受能力，从大家的经济条件出发想问题、定方案。

Tips 4：灵活 AA 制讲情谊。

AA 制消费是一种公正、明白的私人消费，也是一种互相尊重、相对独立的消费方式，在 AA 制中，谁也不依赖于谁，谁也不恩赐于谁。但 AA 制绝不是一种无情无义的交友方式，也不是一种锱铢必较的消费。在分摊费用时，也要适当考虑感情因素，该算的要算，不该算的别算，千万不可斤斤计较。AA 制消费毕竟不同于借款还钱，它只求大体分担，不求分毫必清。

第4章

Chapter 04

做父母的理财指导师

第四章　做父母的理财指导师

在家庭中，新媳妇最关心的，除了老公，当属老人和未来的宝宝。中国有句老话，家有一老，如有一宝。照顾好家里的老人，让其乐享晚年，是媳妇们义不容辞的责任。然而，在照顾老人的同时，也要教父母学会理财。最美不过夕阳红，盘活父母的资金，让他们学会投资理财，学会用钱生钱，不仅是保障他们晚年生活富足的必要手段，也是保证他们老有所乐、老有所好的有效途径。新媳妇作为家庭的理财指导师，一定要耐心、细心地教父母学理财。父母有足够的时间学习理财，有足够的精力实践理财，等学好了理财，就可以含饴弄孙、颐养天年了；媳妇们也就可以无后顾之忧，安心工作和生活了。

第一节　帮助父母规划理想生活

惟孝顺父母，可以解忧。

——孟子

很多新媳妇，工作繁忙、头绪众多，鲜有时间关注父母的生活状况，亦不了解父母的生活支出，更难理解父母对未来的担心忧虑。事实上，父母老了，他们常常会叹息精力不似当年，生活力不从心，所以，媳妇们应当和父母多聊聊家常，多进行沟通。帮助父母规划理想的晚年生活，是儿女们义不容辞的责任和义务。

和死亡相比，衰老更能让人体会到生命的残酷，最爱我们和我们最爱的人老了，这是人生中最无奈的变迁。面对年老体迈的父母，新媳妇准备好了么？我们有责任为父母安排一个美好的晚年，我们有义务让他们在人生的最后时段里，充分感受到幸福和快乐。想让父母晚年生活更幸福？那就赶紧帮父母规划好晚年生活吧。

那么，什么才是理想的晚年生活？简单点说，就是吃得下饭、睡得着觉、笑得开怀、活得开心，然而，要想实现这四点，仅仅拥有健康乐观的心态不够的，还要有充足的物质保障，稳定的收入来源，丰富多彩的精神生活，儿孙满堂。

怎样帮助父母规划理想的晚年生活?

首先，让父母拥有更舒适的居住环境。

老年人的生活需求，和年轻人有所不同，他们的日常生活大都围绕家庭展开，所以，他们需要更宽敞、更便利的居所。理想的晚年居所，应该是在一个老年人较多的大社区，道路宽敞、社区成熟、医疗条件便利、交通发达、购物方便。同时，如果没有电梯，应该为老年人选择较低的楼层，最好是一层，这样才便于老年人出行。

其次，鼓励父母参与各种娱乐活动。

媳妇们一定要鼓励父母参加老年大学、老年合唱团、老年模特队、老年戏迷俱乐部、老年棋牌社、老年书画社等娱乐团体，让父母在棋牌室、茶舍、故事坊、图书馆找到志同道合的朋友，丰富生活的乐趣；还要鼓励老人们养宠物、垂钓、从事文学创作、摄影或者做针线活、做工艺品，让父母在静中取乐，得到更多的锻炼和乐趣；还可以动员父母参加集体夏令营、野外郊游活动，鼓励他们多多外出，游览大好河山，揽尽中华美景，开阔心胸、锻炼身体。

再次，就是帮助父母规划理想的财务生活。

这是做儿女的，必须尽到的责任和义务。老年人的风险承受能力较差，媳妇们应当帮助他们选择适当的、稳健的理财方式，帮助他们获得更多的物质财富，让他们在理财中找到乐趣、开阔心胸。建议媳妇们从以下两个方面帮助父母规划财务生活。

第一，替父母规划保险。

老年人投保，首先要考虑的就是意外伤害医疗保险和住院医疗保险。这两类保险的费用适中，可以帮助老人承担更多的意外急诊或患病住院的医疗费。

如果父母已经退休，并且从来没有买过商业保险，不建议购买重大疾病保险，因为在这种情况下，购买重大疾病保险费用较高，倒不如准备一笔应急准备金，用作重大疾病出现时，需要支付的医疗费用。

为父母购买保险，一定要选择分期付款的方式缴纳保金。这样，不仅可以减缓经济压力，还能够增加保障功能。当然，如果短时间内找不到合适的保险产品为父母投保，也可以暂时不购买保险，用储蓄的方式来为父母积攒养老费和应急准备金。

第二，帮父母积攒养老储备金。

父母养老储备金的多少，取决于他们的财产积累、理财收益和退休收入等多种因素。不管父母当下的养老储备金有多少，做儿女的，都有责任帮助父母制订理财计划，完善投资规划，帮他们盘活资金，实现无忧养老。

为老年人积攒养老储备金，要认真制订理财计划，慎重选择投资组合。可以先预期父母大概的养老年限，然后根据父母退休后每个月正常生活所需要的养老费用，计算父母大概需要的养老资金总额，再在父母目前财产都用作养老储备金的前提下，计算投资收益率要达到多少，才能实现无忧养老。最后按照这样的投资收益率，来确定投资项目和投资金额，制定投资规划和投资期限。

第二节　了解父母的财务状况

了解父母的财务状况，是儿女们不可疏忽、不可推卸的责任，不管父母现在是否还有能力打理自己的财务，不管父母是否愿意让你了解家庭的财富，你都有责任去了解。

要想帮助父母规划好晚年生活，就要确保父母有充实的经济保障。第一调查网曾经发布过一个调查：“你了解你父母的家庭财务状况吗？”事实上，很多年轻人都不了解父母的财务状况，有的是无暇顾及，有的是不愿过问，无暇顾及大都因为忙碌，不愿过问则源于“自立”心理。年轻人自立自强，不愿依靠父母当然没错，然而，了解父母的财务状况，却是媳妇们分内的事情。毕竟岁月不饶人，父母已年老，只有了解了父母的财务状况，才能够更好地帮助他们规划晚年生活，帮助他们理财投资，还有在意外事件发生之前，帮助他们安排好一切。

了解父母的财务状况，是儿女不能疏忽、不可推卸的责任。

作为子女，了解父母的财务状况，关注父母的经济现状，是非常必要的，这绝不是提前“算计”父母的钱财，而是帮助父母有效理财的基础。

让我们用现实生活中的故事，来说明了解父母的财务状况，是何等的重要和必要。

王女士是一家广告公司的项目经理，工作非常忙，很少有时间关心父母。有一天王女士突然发现父亲出现了老年痴呆的某些症状，他不仅忘记了领取社会保险金，而且连自己原有的存款存单、医疗保险的保单，也都忘记放到哪儿去了。母亲很少过问家庭财务，对这些事情也不甚清楚。最后，王女士在父母的房间里整整翻找了三天，才找到父亲藏在糖罐里的存单和保单。可拿出来一看，王女士就急了，存单早就到期了，保单也过期了。她这才意识到，父母老了，很多事情已经力不从心了，自己应该尽早尽到子女的责任，了解他们的财务状况，帮助他们理财。

新媳妇薛女士是一家外企的高管，不久前，母亲生病住医，忙坏了薛女士。这是薛女士有生以来第一次送母亲住院，在办理住院手续的整个过程中，薛女士始终忧心忡忡，她一方面为母亲的病情担忧，一方面又为相关的开支担心。直到此时，薛女士才发现，自己对父母的财务状况几乎一无所知，根本不知道母亲是否拥有有效的医疗保险。

因此，了解父母的财务状况，是新媳妇们不可疏忽、不可推卸的责任，不管父母现在是否还有能力打理自己的财务，不管他们是否愿意让你了解家庭的财富，你都有责任去了解。

了解父母的财务状况，要按照下面四个步骤进行。

首先，了解清楚父母的健康保险和医疗保险。

只要涉及钱，哪怕是父母和子女，也会感觉有些尴尬，毕竟这是一个敏感的话题。做儿女的，可以先从父母的保险状况入手，了解清楚父母有没有健康保险和医疗保险，其何时投保，投保金额为多少，保单放在哪里。如果有可能，还应深入了解父母所拥有的每一保险类别的具体承保范围，以便在意外发生时，可以根据其承保范围及时提出保险赔偿。

其次，了解父母的财务状况，是否足够满足他们有生之年的生活所需。

在理想状况下，父母都应该对自己的财务状况非常放心，因为他们能确信自己的退休储备，足以应付自己在有生之年的生活需要。然而，并不是所有的父母都能够为自己储备足够的退休金，所以，作为子女，应充分了解父母的财务状况，以确定他们是否会在有生之年遇到财务危机。

当然，如果和父母讨论他们的财务状况，会让他们感到不快、尴尬甚至生出猜疑，媳妇们也可以请一位专业的财务顾问，协助父母了解他们的财务状况，然后帮助他们制订出相应的财务计划。

再次，帮助父母制订财务计划，切实解决父母的财务问题。

了解了父母的财务状况后，一定要帮助他们制订相应的财务计划，对于理财经验较少、掌握投资信息比较滞后的老年人来说，理财计划的制订需要注意三个要点——稳、准、缓。

老年人的应变能力和承受能力都较差，经受不住太大的生活变动和财务打击。所以，媳妇们帮助父母制订理财计划，一定要稳、准、缓，以确保父母的身心健康。要遵循循序渐进的原则，不要给老人规定回报率和回报时间。

最后，和父母一起盘点其所有资产，帮助父母列一份财务清单，并帮助其保管这份清单。

在中国，和父母一起盘点其所有资产，实属不敬，然而，如果能够尽早盘点父母的资产，就可有效规避财务风险，以免日后有所遗漏。这份清单应包括所有关键的财务信息，例如银行名称、账户号码、存款数额、到期日子，储蓄保单、投资账户、投资品种、投资数额等，还要详细记录所有相关财产凭证或者财产证明的存放地点，以便在父母忘记时，做儿女的可以及时提醒，在父母发生意外时，做儿女的可以帮助处理。

第三节　学会给父母讲理财的故事

其实，父母们并不真的是老古董、老顽固，儿女们要根据他们的接受能力和理解能力，学会给他们讲故事，让他们从鲜明生动的理财故事中，体悟理财的重要性和趣味性。

理财不仅可以保证父母们晚年生活幸福无忧，还可以增添他们的自信心和生活乐趣。因此，媳妇们应当做父母理财的好帮手，为父母的幸福生活、快乐晚年尽一份心。然而，许多年轻人都抱怨，对于自己的理财建议，父母怎么都听不进去，简直是顽固不化。其实，父母们并不真的是老古董、老顽固，儿女们要根据他们的接受能力和理解能力，学会给他们讲故事，让他们从鲜明生动的理财故事中，体悟理财的重要性和趣味性。

理财故事很多，媳妇们不妨从下面的故事开始，引导父母了解认识理财的重要性。

有两座岛屿，名字分别叫做“勤俭岛”和“挥霍岛”。勤俭岛的居民勤劳节俭，每天努力工作以产出更多的食物。这些食物除了满足本岛居民的需要外，还能出口到挥霍岛。居民们节衣缩食，把储蓄下来的钱用于扩大再生产。与勤俭岛不同，挥霍岛上很多居民都没有工作，却很喜欢消费。他们用本岛发行的债券作交换，从勤俭岛进口食物。债券、食物均以“挥霍岛币”计价。

随着手中债券的大量增加，勤俭岛居民开始减少挥霍岛债券的持有量，转为直接收取“挥霍岛币”，再用“挥霍岛币”大量购买挥霍岛的土地。最终，勤俭岛几乎快要买下整个挥霍岛了。挥霍岛人不甘心成为勤俭岛地主家的佃农，大量涌入印钞厂，开足马力发行挥霍岛币。俗话说得好，物以稀为贵。货币发行量大幅增加之后，挥霍岛币及其化身——债券都变得不值钱了，数量保持不变的土地也因而价格飙升。这给勤俭岛人带来了很大的麻烦，他们多年积蓄下来的“挥霍岛币”和“挥霍岛债券”一天天地贬值，本来可以在挥霍岛买套别墅的“挥霍岛币”，现在却连一个车位也买不到了。

伤敌一千，自损八百，挥霍岛人的情况也不太妙。“挥霍岛币”贬值之后，勤俭岛人开始拒收“挥霍岛币”和“挥霍岛债券”，因此，从勤俭岛进口食物变得不太容易，挥霍岛人因此不得不节衣缩食。这反过来又导致了勤俭岛上的食物销售困难，生产停滞，大量香喷喷、白花花的牛奶不得不被倒入河中。两败俱伤之后，两岛居民都开始反思。勤俭岛人发觉，刺激消费、启动内需太重要了，既然食物生产过多，每个人就都得多吃一些，也别过于节俭了。挥霍岛人也认识到，没什么不能没工作，有什么也不能有过多债务。

这就是关于财富的故事，它告诉我们，拒绝无度挥霍，省钱也要有度。像这种理财故事，不仅可以给父母带来乐趣，还能够轻而易举地让他们转变思想，接受正确的财富观，金钱观。

新媳妇们的父母们大都是从建国初期的“穷日子”走过来的，自然很难接受积极投资的理念和理财投资的风险。我们不妨再给父母讲一个穷人和富人的故事吧。

从前，有一个富人和一个穷人。穷人见富人生活得舒适惬意，就对富人说："我愿意在您家给您干三年活，不要一分钱，您只要让我有饭吃、有地方睡觉就可以了。"富人觉得这真是少有的好事，便立即答应了穷人的请求。三年后，穷人离开了富人家，不知去向。

十年过去了，昔日的穷人已经变得非常富有，而以前的富人相比之下就显得很寒酸。于是富人向昔日的穷人请求："我愿意出 10 万元，买你致富的经验"。昔日的那个穷人听了哈哈大笑，说："我就是用从你那里学到的经验赚取的金钱，而今，你又要用金钱买我的经验！"

这个故事告诉我们，想要晚年生活充实富足，就要积极学习理财知识、致富经验，不要怕吃苦、不要怕白费力气，这些都是理财路上的必然经历，走过最初的学习阶段，就可以用学到的知识，获取丰厚的财富。

在给父母讲财富故事的同时，千万别忘了为父母讲解理财的陷阱。

Tips 1：讲述投资风险。新媳妇们可以给父母讲些投资风险的个案，让父母了解投资的风险。

Tips 2：讲述投资陷阱。投资陷阱有很多，比如没有合法的投资咨询资格，利用虚假的网络名进行欺诈；以高收益或保证收益进行欺诈；以推荐牛股、黑马股，吹嘘或夸大炒股业绩，煽动投资者等。西安某汽车公司，就曾以在海外上市为名发行原始股，以快速增值作为诱饵，骗取全国 29 个省、区、市 2700 多名群众 6200 万余元。

理财要谨慎，投资要小心，要用现实中的案例教父母学会警惕投资陷阱、严防投资骗局。

第四节　引导老人学理财，乐活生活理出来

做儿女的都会以自己的方式表达对父母的爱意，你可以考虑送给父母一份特殊的礼物——帮助父母理财。

老年人的生活重点，就在享受生活。为了让父母们拥有更快乐幸福的晚年生活，做儿女的，应该以自己的方式表达对父母的爱意和关心，新媳妇可以考虑送给父母一份特殊的礼物——帮助父母理财。

学会理财，乐活到老。

有人说，人的一生有两个阶段是最幸福的。一个是童年阶段，不必为柴米油盐操心，心思单纯、生活无忧；另一个是晚年阶段，工作生涯正式结束，可以尽情享受晚年生活！因此，作为儿女，有义务为退休父母打造一种“乐活生活”，让父母踏上“乐活”潮流的幸福班车，尽享快乐的晚年生活。

乐活，是一种从西方传来的新兴生活形态，乐活的英文为“LOHAS”，是“Lifestyles of Health and Sustainability”的缩写，意为以健康及自给自足的形态生活，强调“健康、可持续的生活方式”。乐活生活是时代产物，它是一种贴近生活本源的，自然、健康、精致的生活态度。

对于老人来说，乐活生活的前提就是充分的财务保障。所以，把理财带入父母的生活，让他们自己学习理财，是帮助父母打造乐活生活的关键。

引导父母学理财，四个“确保”最重要。

第一，确保财产的安全性。

父母一生的积蓄，大都是老两口积攒多年的血汗钱，是他们晚年生活的“保命钱”，所以，引导父母学理财，一定要确保父母的财产安全，要选择最保险的理财项目，最安全的投资工具。一般情况下，投资理财的收益率和它的安全性是成反比的。也就是说，收益越大，安全性就越小。当前适合老年人的理财产品有国债、企业债券、储蓄、基金等，股市、外汇等投资工具虽然收益颇丰，但风险较大，不适合老年人选取。

第二，确保理财的稳定性。

老年人的反应能力和判断能力比不上年轻人，心理承受能力也较弱。因此，尽量不要让父母进行炒汇、炒股等风险类投资。在所有投资渠道中，国债和储蓄是最稳妥的，既可以确保理财的稳定性，不用父母过多操心费力，又可以保证一笔稳妥的利息收入，是父母理财的首选。

第三，确保理财的便利性。

很多老年人理财，都喜欢选择存期长、利率高的储蓄品种，以至于把平时用不着的钱都存成了 3 年或 5 年的定期储蓄。可一旦发生意外，急需用钱时，老人便不得不牺牲利息，或东拼西凑地借款应急。因此，媳妇们在引导父母学理财时，一定要选择支取便利的理财项目。为了确保理财的便利性，媳妇们可教父母滚动储蓄法，即先将手头的部分闲置资金存成 1 年或 2 年的定期存单，隔段时间，比如 1 个月，再把另一部分闲置资金存成 2 年或 3 年的定期存单，以此类推。这样 1 年后，每隔一两个月，就有一张存单到期，这时候要用钱就很方便了，如果到期不用，即可继续转存。

第四，确保消费的适度性。

确保消费的适度性，指量入为出，适度消费。媳妇们引导父母学习理财，既要让父母学会少花钱多享受，也要让父母学会会花钱会享受。有的父母，受传统生活习惯的影响，不舍得消费，光想着为子女攒钱、给孙子花钱。媳妇们应帮助父母摈弃陈旧的消费观念，建议他们积极地将积蓄用于自己的生活改善，鼓励他们参加文体活动，提醒他们注重身体保健和疾病治疗，以尽量提高生活质量、保持身体健康、尽享幸福晚年。

第五节　纠正父母的保守金钱观

儿孙若有用，要钱做什么？留钱徒为儿孙累；儿孙若无用，要钱做什么？留钱徒增儿孙过。

——民族英雄林则徐

中国人的金钱观念非常保守，这是中国传统文化中保守行事与慎重管理的双重结晶。韩国人曾这样评价中国人的金钱观：“喜欢钱、爱赚钱、能攒钱。”的确，传统的中国人，特别是从 20 世纪五六十年代的苦日子中走过来的中国人，金钱观都较为保守，他们舍不得吃穿，更舍不得把积蓄拿出来，做风险投资。因此，教父母学理财，首先要纠正他们过于保守的金钱观。

父母的保守金钱观，主要表现在以下两个方面：

第一，过度节俭。

20 世纪五六十年代出生的人，大都有过吃不饱、穿不暖的生活经历。所以，到现在他们还都保持着勤俭节约的习惯，恨不得“一分钱掰成两半花”。当然，穷日子不能富过，然而一味的“富日子穷过”，也是不正确的。

在现实生活中，不乏这样的老人，虽然吃穿不愁、儿女孝顺，可他们还是省吃俭用，把日子过得紧巴巴的。为了省钱，买东西总是挑最便宜的，炒菜舍不得放油，有时候很久不吃一顿肉，生病也不舍得去医院，头疼脑热就挺着，小病小痛硬拖着，就是为了攒点钱“以防后患”，贴补儿孙。这样的父母，让儿女们揪心，让儿女们伤心。殊不知，对于儿女来说，父母身体健康、心情愉快，就是最大的财富，最大的安心。再省也省不出健康，再节俭也节俭不出长寿，所以，为了健康、快乐，父母们一定要适度消费。

第二，偏爱存钱。

许多老年人都爱存钱，他们总认为“有钱傍身，才会舒心”。事实上，“钱”也会贬值，一味存钱，钱就变成了“死钱”。

帮助父母纠正过于保守的金钱观，不妨给他们讲讲“金子”的故事。

曾经，有一个富翁，攒了很多金子，并把它们藏在自家花园里。每收入一锭金子，他就挖开藏金的地洞，把金子放进去。有一天，小偷跟踪了这个富翁，发现了他藏金的地洞，于是，趁富翁出门的时候，偷走了所有的金子。过了两天，富翁又收入了一锭金子，他挖开地洞却发现，金子全没了！富翁一辈子的积蓄都被小偷偷走了，他难过极了，坐在花园里痛哭起来。这时候，上帝来了，看见富翁在痛哭，好奇地问，你怎么了？富翁哭着回答，我辛辛苦苦攒的金子，藏在树下，全被人偷走了。上帝说，是这样呀，那好办。上帝拿起一块大石头，放在了树下。富翁纳闷地问，这不是金子，是石头啊。上帝笑着说，那怎么了？反正你又不花那些金子，只是把它们藏在树下，隔些日子来添一锭。你只要把这块石头涂成金子的颜色，在上面写上“金子”两个字，不就好了？

偏爱存钱的父母，就像故事里的富翁一样，只存钱不用钱，这种保守的金钱观，让值钱的金子变成了无用的石头。所以，新媳妇们一定要纠正父母过于保守的金钱观，让他们意识到，钱是用来为人服务的，为人“生钱”的。

如何纠正父母的保守金钱观，培养父母的科学金钱观？

首先，要让父母感受到适度消费的乐趣。

其实，许多老年人不是不想消费，只是不舍得消费。看到别的老人添了新大衣、买了新二胡，他们心里也会羡慕不已，可羡慕归羡慕，他们却从来不肯行动，他们总觉得钱花了就没了，还是能省就省。

所以，带父母去逛街，一定不要刻意强调消费和购物。媳妇们不妨以给孩子、自己或老公买东西的名义，拉上父母同去，然后“顺便”逛到出售老年服装、老年用品的商场或者摊位。老年人即便喜欢上某件商品，也总是说“不买，不买”，这个时候，媳妇们一定要积极鼓励，主动劝说，以提高父母对商品的满意度和父母消费的成功率。其实，老人消费，获得的不仅仅是一件喜欢的商品，更是一种精神的愉悦。当购物成为一种乐趣，老人们就会渐渐纠正过于保守的金钱观，主动参与到适度的消费活动中去。

其次，要让父母明白，钱还可以生钱。

老人过度保守、只爱存钱，并不是因为他们排斥理财、拒绝投资，而是因为他们对理财不了解，认定投资有风险。所以，要纠正父母的保守金钱观，就要让他们充分了解理财和投资。

对老年人来说，理财要稳健，风险要最低。为了消除父母对理财和投资的怀疑，媳妇们可以从最保守的理财项目——储蓄存款教起，从最保险的投资项目——国债教起，让父母明白，钱，不仅可以保障未来，还可以投资生钱。

今年104岁的辽宁铁岭的吴雅权先生，是中国年纪最大的理财明星，吴先生是2002年买入20年期国债的，在买入国债前，老人经常到证券公司去，工作人员看他经常来，就向他推荐了国债。当时95岁的吴先生，只是到证券公司去溜达溜达，想多接受些新鲜事物，可如今，每到支取利息的日子，老人都会很准时地拿着相关证件去支取。对吴先生来说，理财不仅仅是生钱之道，还是一种生活乐趣。由此可见，当父母理解了钱可以生钱的道理，把理财当成了一种生活乐趣，他们就不再会死守保守的金钱观，而拒绝理财投资了。

第六节　陪同父母一起订立理财目标

老年投资者由于年龄、心理、技能等原因，理财的目标、手段都和年轻人不同。老年人理财，首先要明确目标。

与冲劲十足的年轻人相比，老年人理财，不应以积累巨额财富为目标，而应以平稳享受晚年生活为目的。因此，新媳妇应该根据父母的真实意愿，来协助他们订立理财目标。对父母来说，安定和幸福比什么都重要，理财只是使生活更加宽裕的一条途径，使乐趣更加丰富的一种方式。陪同父母一起订立理财目标，一定要以父母的意愿为主。

那么，如何帮助父母订立理财目标呢？

在帮助父母订立理财目标时，应从以下几点出发：

第一，帮助父母整理所有投资品种。

为了分散投资，老年投资者往往采取分散购买原则，比如投资基金和股票，往往购买多支，以至于他们对自己配置的股票情况并不能一目了然。所以媳妇们应该定期帮父母整理投资品种，以便他们可以轻松地掌握自己投资股票、债券和现金等各类金融资产的比例，做到投资有数，心中不慌。

第二，帮助父母确立资产配置目标。

不同的投资者，由于投资期限、财富和风险承受能力不同，资产配置目标也会千差万别。老年人在追求资产保值、增值时，很容易因为初次投资或者投资不当，发现自己的投资组合不能很好地符合自己的稳健理财目标。这就需要媳妇们积极帮助父母重新确立资产配置目标，对原有的投资组合进行调整。

在帮助父母建立投资组合时，可以考虑采纳“三四三”投资组合：即30%投资股票基金、40%投资储蓄国债、30%用于应急储蓄。“一百减年龄”的原则也可以作为老年人投资理财的指导，就是说用(100-年龄)×100%得出的结果作为风险投资的最大比例。

第三，把父母的理财目标纳入家庭理财计划。

帮助父母订立理财目标，不仅仅要让父母认识到理财的重要性，还要让父母意识到，他们的理财目标也是家庭整体理财目标的一部分。这样，父母才会更有责任感和幸福感，他们不仅会因为子女的认同而感到家庭的温暖，也会因为了解了家庭的整体理财目标和计划，而感到自己的重要性，并自觉自愿地投入到家庭的整体理财中去。

第七节　适合老年人的理财工具

老年人在投资时，最主要的是要考虑产品的安全性能和变现能力，以确保资产保值，预防突发事件。

根据有关数据显示，2010 年，我国 55 岁以上的老年人，占全国人口总数的 15%，预计 10 年后，即 2020 年，这个比例将达到 19%。随着老年人口比例的增长，随着理财知识的普及，老年人将逐渐成为理财的主力军，作为子女，新媳妇们应当帮助父母了解并掌握适合他们的理财工具。

老年人投资，最主要的是要考虑产品的安全性能和变现能力，以确保资产保值，预防突发事件。在众多理财工具中，较为适合老年人的主要有以下八种：

第一种，储蓄。

储蓄方便、灵活、安全，几乎没有贬值的风险，只要能够跑赢 CPI，就算老年人理财成功。但是，储蓄也需要掌握一定技巧，同样是存款，选择不同的方式获得的收益也不一样。

储蓄对于老年人必不可少，但一定要选择适当的储蓄品种。不要存过长的期限，一是因为急用时取出的话，利息损失大，二是由于存款利息率升高时，原有的长期储蓄就很不合算。

第二种，国债。

国债具有操作方法简单便捷、利率较高、不征收利息税、变现能力强、投资风险低等优点，是一种特别适合老年人的理财方式。尽管国债的利率相比其他理财工具的收益率，比如信托产品、股票、汇市要低一些，但它兼顾了安全性和流动性。

国债可以中途买卖获取差价，也可以持有到期，并按照购买当日的到期收益率享受收益，因此，国债的风险是所有投资里最低的。

第三种，保险。

根据有关统计显示，除日常消费外，老年人最大的支出是医疗保健，所以，老年人应该积极投资保险。人寿保险，尤其是投资型养老保险，是老年人理财的好工具。它兼具保障职能和储蓄职能，只要按年交投保费，在保险期内不发生人身意外伤害，那么，投资人所获得的回报率，一般可以达到或超过同期同类的银行储蓄产品。如果在保险期内出现人身意外伤害，则会得到保险公司的理赔，这也是多数老年人选择投资保险的主要原因。

购买商业养老保险产品时，可以考虑分红型养老保险。

第四种，基金定投。

基金定投有专业管理、风险分散的优点，可以获取规模效益。相对股票而言，基金投资少，交易风险低。

建议老年人选择指数型基金和平衡型基金。指数型基金，是按照证券价格指数编制原理构建投资组合，进行证券投资的一种基金。从理论上来讲，指数基金的运作方法简单，只要根据每一种证券在指数中所占的比例，购买相应比例的证券，长期持有就可。指数型基金费用低、风险分散、纳税可延迟，所以便于老年人投资。平衡型基金，是指以既要获得当期收入，又追求基金资产长期增值为投资目标，把资金分散投资于股票和债券，以保证资金的安全性和盈利性的基金。对风险承受能力较低的老年人而言，将平衡型基金作为重点关注的基金品种，可以有效保证投资的安全性。

第五，银行理财产品。

很多银行都针对老年人开发了相应的金融产品。这些金融产品虽然收益不如股票，但基本上都是稳固上升型的，非常适合老年人投资。

建议老年人选择票据类、信贷类的银行理财产品。目前银行此类理财产品通常期限是一年以内，收益较稳定，风险较低，到期才能变现，适合退休人士1年以内的中短期投资。

第六，黄金。

黄金不仅能投资保值，其规避风险的功能是其他投资产品无法取代的。对老年人来说，最好持有实物黄金。比如“如意金”，许多老人不仅将其当作抗通胀的利器，也将其作为镇家之宝代代相传。

第七，万能险。

低初始费率的万能险，也非常适合老年人投资。但老年人在投保万能险时要千万注意，所持有的投资期限最好超过5年，因为万能险如果在5年内退出，将会收取一定的退保费用。

第八，提高生活质量。

对于老年人来讲，投资赚钱是第二位的，健康才是第一位。老年投资还应注意健康投资，改变节衣缩食的传统观念，适当增加营养健康、外出旅游、健身运动等投入，保持良好的身体和精神状态。健康类、文化类、运动类消费，既能提高晚年生活质量，也会减少疾病发生率，减少住院医疗消费，实际上也是一种投资理财。

第八节　老年投资三要点：稳、准、缓

对于理财经验较少、投资信息比较闭塞的老年人来说，投资需要注意三个要点——稳、准、缓。

俗话说，师父领进门，修行在个人。新媳妇教父母学理财，“火候”差不多了，就应该放手让他们去“掌勺”了。当然，作为“理财指导师”，新媳妇仍然需要做好引导与监督工作。对于理财经验较少、投资

信息比较闭塞的老年人来说，投资需要注意三个要点——稳、准、缓，媳妇们一定要注意从这三个方面进行提醒与指导。

老年投资要点一：稳

老年人的应变能力和承受能力都较差，经受不住太大的生活变动和财务打击。所以，理财一定要稳健。最好不要选择风险较高的投资方式，如投资股市、汇市、房地产等，可以选择储蓄、国债等有稳定收益的投资。

老年人理财，切忌贪图高回报，盲目投资。老年人应选择稳健型的投资理财产品，任何情况下，都要以“稳”字当头。

老年投资要点二：准

“准”就是指老年人在理财时应仔细斟酌，慎重选择正确的投资产品，避免陷入投资陷阱或理财误区。老年人缺乏理财投资的经验，获知信息的速度又较慢，所以，很多诈骗团伙就利用老年人的理财劣势，专门欺骗老年人。因此，老年人在投资理财时一定要谨慎，在投资前一定要再三咨询，多方考察，确保准确投资，避免落入投资陷阱。

理财产品五花八门，但并不是每款产品都能保证“赚到钱”。老年人的理财知识欠缺，如果在还没有充分了解投资工具、投资项目的前提下，盲目跟风，一旦投资稍有差池，就容易失败。其实，目前市场上的许多理财产品，并未将退休老人作为关注对象。即便是适合老人的理财工具，也不像想象中那样便捷、理想。比如，凭证式国债难买到，记账式国债波动大；股票型基金和股票一样赔多赚少；基金投资的申购、赎回、前端收费等复杂而麻烦……所以，对老年人来说，合适的理财产品并不多。因此，选准、选对理财产品，对老年投资者来说，非常重要。

老年投资要点三：缓

所谓缓，就是指老年人在理财时，要有一个循序渐进的过程，不要急于追求回报。理财本身就是一个积少成多、滴水穿石的积累过程。

不管是选择储蓄、债券、保险，还是投资股票、期货、房地产，要想理好财，首先要有一个学习了解的过程，在认真学习之后，还要有一段“实习”期，才能够熟悉操作方式。老年人初学理财，切不可有“速战速决”的想法。就连股神巴菲特，也是将长期持有股票作为投资之道。所以，老年人理财，要循序渐进，切不可操之过急。

第 5 章

Chapter 05

理财要从娃娃抓起

第五章　理财要从娃娃抓起

在中国，自古以来金钱就被认为具有“铜臭味”的“孔方兄”，所以，“精打细算”的事，很多家长都认为没有必要让孩子知道。但国外亿万富翁们的想法却正好与中国父母的想法相反。美国石油大王洛克菲勒要求自己的孩子从小就接受节约教育和劳动教育，以培养他们“财富是劳动所得”的财富观；美国钢铁大王卡内基则经常对自己的孩子说：“你们应该牢记，最能打动商人的心的，不仅是价格，还有情感，”所以他的孩子从小就知道赚钱的秘诀在于以情动人；美国IBM的前董事长沃森，为了培养儿子良好的理财习惯，从其读初中时，就要求他每周都做好零花钱支出计划。这些，就是亿万富翁的理财教育。理财，只有从娃娃抓起，才能养成一生的良好理财习惯，所以，中国的父母也要教孩子学理财，教育他们从小快乐花钱，长大轻松赚钱。这是作为未来准妈妈或已为人母的新媳妇，不可推卸的责任。

第一节　如何向孩子讲述“钱”的意义

在早期，教会孩子个人理财方向的基本知识是非常重要的，要改善中小学的财经教育，帮助年轻人不至于作出错误的财务决定。

——美前联邦储备委员会主席格林斯潘

钱是什么？这对每个成年人来说，都不是问题，然而，对于孩子们来说，却是个足以让他们想破小脑袋的大问题。钱到底是什么？是零食？是玩具？是画册？还是那一张张花花绿绿的纸片？当新媳妇未来有一天成为母亲，又应当如何向孩子讲述“钱”的意义呢？教孩子学理财，先要让孩子学会识钱、用钱，认识到金钱的重要性，只有让孩子懂得了“钱”的意义，父母才能真正教孩子学会理财。

如何让孩子明白，“钱”是什么？

在孩子心中，钱，是一个非常模糊的概念，不能吃，不能玩。做家长的，要让孩子明白“钱”是什么，就要让他们明白，钱，能换来好玩的玩具、美丽的衣裳。教孩子理解“钱”的意义，首先要让孩子认识“金钱”本身。

首先，教孩子认识人民币。

教孩子认识“钱”，要从可以看得见、摸得着的人民币开始。父母可以先教孩子们辨认纸币上面的图案和数字，以此来吸引孩子的学习兴趣。这不仅可以让孩子们对“钱”产生兴趣，还可以让他们了解祖国的山川有多么秀美。

比如，教会孩子认识1角钱、1元钱、2元钱、5元钱、10元钱、50元、100元人民币上的数字，然后，教他们认识纸币上的图案。拿10元人民币举例，面额10元的纸币的背面是黄河，在告诉孩子黄河是中华民族的母亲河，是中华文明的发祥地之后，不妨教孩子背诵“黄河之水天上来、奔流到海不复还”的千古绝句。再比如100元面值的人民币，正面有个老爷爷，顺便告诉他：“这个老爷爷，是领导中国人民翻身做主人的伟大领袖毛主席。”这样孩子不仅会对这个老爷爷产生兴趣，也会对中国历史产生兴趣。

其次，教孩子认识银行卡。

教孩子认识了人民币，还要教他们认识银行卡。现在，许多银行都推出了特色生肖储蓄卡，其正面是卡通动物图案，特别适合给孩子办理。可以带孩子去银行，让他们亲自挑选这种特色银行卡，这不仅可以充分吸引孩子的注意力，还可以让孩子对什么是银行，什么是银行卡有一个初步的认知。

如何教孩子学会使用钱?

在教孩子认识钱之后，就要教孩子们学会正确使用钱。这是理财教育的第一步。孩子们常常会感到困惑，为什么爸爸妈妈总要求自己和“钱”较劲！要想让孩子们知道这个问题的答案，只要带他们进行几次购买“实践”，他们就会逐渐明白“钱”的意义了。

实践一：跳蚤市场小游戏

在游戏中，可以先准备一些要卖的物品，例如娃娃、玩具、铅笔，然后准备一些零钱（也可以用代表“钱”的卡片）给孩子。接着，父母可以来扮演老板，让孩子扮演顾客，请他来买东西。最初，孩子们对商品的贵贱并没有具体概念，父母可以把所有的东西都规定为统一的价格，例如全部定价1角或1元。在孩子对商品的价格有所了解之后，父母还可以给不同的物品制定不同的价格。

这个买卖游戏，妈妈们可以帮助孩子们建立起“买东西要使用钱”的生活常识，也让孩子们知道，钱用完了，就不能再买东西了，同时，也帮助他们建立起简单的物品价值观。

实践二：带着孩子买东西

孩子们最具好奇心，所以，很多孩子都喜欢和父母一起出门去买东西。建议多带孩子去超市，因为超市的所有物品都有明确的价签。父母可以拿起一件件物品，告诉孩子“价签”的含义，“价钱”的含义。付账的时候，建议父母清楚地告诉孩子，这些东西多少钱，然后把钱交给孩子，让孩子去付账，如果需要找零，也要清楚地告诉孩子。这样，不仅可以让孩子学会使用钱，还可以增强孩子的责任心。除此之外，在小额消费时，还可以让孩子自己拿钱去购买商品，让他们学会自己买冰棍、巧克力，给家里买盐、买酱油等。同时，在购买玩具、文具、衣服等儿童用品时，让孩子全程介入，这样，孩子就会逐渐熟悉购买过程，学会正确使用钱。

实践三：教孩子学会分享“钱”

教孩子学会使用“钱”，不仅要让孩子学会用“钱”，还要让孩子学会分享“钱”。父母一定要让孩子学会把钱拿出来和家人分享，让孩子体会到分享带来的快乐，避免孩子变成一个“小财迷”。比如，当父母给长辈，诸如孩子的爷爷、奶奶、外公、外婆等购买节日礼物或生日礼物时，就可以带上孩子，告诉他这份礼物会让爷爷奶奶很高兴，并且让孩子亲手送给他们，让孩子感受到爷爷奶奶对他的赞美与夸奖！这样，孩子在享受褒奖的同时，就能体会到分享金钱的乐趣。

对孩子进行理财启蒙教育，在向孩子普及金钱观和价值观的时候，爸爸妈妈千万要牢记，钱，不是“情感替代品”。

Tips1：钱不是亲子时间的替代品。很多70后、80后的爸爸妈妈，为了给孩子营造一个安稳、舒适的家，辛勤忙碌，整日奔波，最后，常常忙来了金钱、忙丢了亲情。很多爸爸妈妈，在没有时间照顾孩子，没有精力和孩子沟通时，都会拿出安抚孩子的“杀手锏”：钱。

Tips2：当心孩子把金钱“唯一”化。当金钱被父母当成“情感替代品”，随意地塞给孩子之后，在孩子眼里，金钱就变成了父母唯一的“温暖”，孩子们再也感受不到父母的亲情和关爱，在他们心里，“钱”就变成了唯一重要的东西，唯一有价值的东西。

所以，父母千万不可拿钱应付孩子，把钱当成“情感替代品”。要让孩子真正理解“钱”的意义，树立正确的金钱观和价值观，爸爸妈妈就要正确使用金钱。如果你不想自己的孩子，将来也拿钱当“万能替代品”来糊弄你，那么，从这一刻起，请身体力行，杜绝用钱做“情感替代品”。

第二节　钱财不是天上掉下来的，勤劳卓越才能不差钱

智慧之书的第一章，也是最后一章，就是天下没有白吃的午餐。

——美国石油大王约翰·戴维森·洛克菲勒

在生活中，经常有家长感到头疼：家里的玩具已经堆积如山，可孩子还是不停地要求再买一件、再买一件，反复告诉孩子要勤俭节约，可

总是收不到很好的效果。其实，问题的关键在于，孩子们总以为“钱”是天上掉下来的。是取之不尽，用之不竭的。在日本的幼儿教育中，有一句名言：“除了阳光和空气是大自然赐予的，其他一切都要通过劳动获得。”因此，当新媳妇荣升为妈妈后，应当努力让孩子们意识到：钱财不是天上掉下来的，勤劳卓越才能不差钱。

钱从哪里来?

曾经，有一位幼儿教师，在全班的孩子中间，做了一次“钱从哪里来”的问题调查。结果，全班只有三个孩子，知道钱是家长辛苦劳动挣来的。在大多数孩子的脑海中，钱，是天上掉下来的，用过就会再长。这其实并不是孩子的错误，因为他们没有挣钱的经历，自然体会不到钱的来之不易。因此，父母有必要让孩子知道，钱，并不是天上掉下来的，他们所吃所用的一切，都是父母辛辛苦苦挣来的，只有勤劳卓越才能不差钱。

钱，从劳动中来。

首先，用实物交换来举例，让孩子明白，钱是爸爸妈妈劳动挣来的。

很多幼儿，都不喜欢爸爸妈妈去上班，每天早上，看见爸爸妈妈离开家，都会哭泣。因此，不妨借此机会，用实物交换来举例，告诉孩子们，爸爸妈妈要去上班，用 8 小时的工作时间换来钱，好给宝贝买巧克力，买玩具。爸爸妈妈用时间换钱，如果爸爸妈妈不去挣钱，宝贝就没有好吃的、好玩的。这样，孩子渐渐就会明白，“钱”不是天下掉下来的，它需要用时间和精力来换取。

其次，让孩子亲身体验挣钱的艰辛，用自己的时间、劳动来换“钱”。

当孩子们提出一个又一个购买要求后，父母可以不说“不”，而让孩子们自己“挣钱”，满足自己的欲望。美国石油大王洛克菲勒的孩子们，都要靠做家务来挣零花钱：打苍蝇 2 分钱，削铅笔 1 角钱，练琴每小时 5 分钱，修复花瓶则能挣 1 元钱；一天不吃糖可得 2 分钱，第二天还不吃奖励 1 角钱；每拔出菜地里 10 根杂草可以挣到 1 分钱，保持院里小路干净每天是 1 角钱，唯一的男孩小约翰劈柴的报酬是每小时 1 角 5 分钱。难道中国的父母，还不舍得让自己的孩子，自己“挣钱”么？

再次，带孩子去上班，让他们从小体验工作的快乐和艰辛。

不管未来准妈妈和先生从事何种职业，都应让孩子从小了解父母工作的快乐和艰辛。不管是交警、售货员、送报工，还是工程师、教授、私营企业主，都应该适时地带孩子到自己的工作场所，让孩子体验父母工作的情形，了解挣钱的真正含义。要让孩子明白，要想轻松赚钱、生活不差钱，一定要自立，一定要努力。

其实，让孩子明白“钱从哪儿来”，并不像父母想象的那么困难，孩子们之所以不知道钱的来源，只是因为父母没有主动地告诉孩子们钱的来龙去脉。在日常生活中，做父母的随时随处都可以告诉孩子“钱”的来源，让他们逐渐明白，钱不是天上掉下来的，而是父母用辛勤劳动换来的。

第三节　帮孩子树立正确的金钱观

未成年人，如果不能正确地对待和使用金钱，就可能养成错位的金钱观和价值观。

古人云：爱子女，则为之长远计。作为家长，有责任帮助孩子树立正确的金钱观。只有帮助孩子从小树立了正确的金钱观，长大后，他们才能够以一颗平常心对待金钱；只有从小接受了正确的金钱观的教育，成人后，才能够在正确的财富轨道上，不偏不倚奔“钱”程。

如何帮助孩子树立正确的金钱观？

中国有句老话：“再穷不能穷孩子。”父母心疼儿女，都想给孩子提供最好的生活条件、最优越的生长环境，这当然没错，然而，随着生活水平的提高，越来越多的家长发现，“富”孩子，也是不正确的，不管生活穷富，帮助孩子树立正确的金钱观，才是最重要的。

首先，要让孩子明白，金钱只是生活的必需品，而不是人生的最终追求。

金钱是安身立命的基础条件，是幸福生活的必要条件，但拥有金钱并不等于拥有成功，也不等于拥有幸福。世界上有很多物质富裕而精神空虚的富人，他们整天追逐“孔方兄”，为金钱的得失忧心忡忡，没有心情和时间去享受幸福。世界上也有很多物质简单而精神富有的穷人，他们没有太多的钱财，却拥有亲情、悠闲、快乐和时间。做父母的一定要教育孩子，金钱是生活的必需品，却不是生活的唯一目标；金钱是我们必须追求的，却不是人生的最终追求。

要让孩子明白这些道理，最好的办法是给孩子讲与金钱有关的故事。比如中国神话故事里的“马良”，他拥有可以画金成真的神笔，却没有刻意追求钱财，每天过着开心快乐的幸福生活；而贪心的财主一心想得到金山，囚禁马良给他画画，最后却落了个悲惨的下场。

其次，在日常生活中，指导孩子学会理性消费，有效使用金钱。

现在，很多家庭都只有一个孩子，父母或者爷爷奶奶、姥爷姥姥都会给孩子零花钱，孩子可支配的金钱一多，就容易乱花钱。很多孩子，如果自己去逛街，只要手上有钱，常常是看见什么就买什么，既不知道根据需求来购买，也不知道购买前货比三家。遇到这样的情况，妈妈们一定要认真监督、严格控制，指导孩子学会理性消费，让孩子学会有效使用金钱。

可以多带孩子去购物，让孩子从妈妈的购物过程中，体验到理性消费的重要性，学会有效地使用金钱。比如，妈妈们可以带孩子去购买儿童书包，在购买时，先带孩子到商品整体价位相对较高的商场去，让孩子自己选择喜欢的书包，然后，在孩子选定某个书包后，请孩子记住商品的价格，然后告诉孩子别的商场有更好的书包。随后，带孩子到商品整体价位相对较低的商场，帮助孩子寻找类似书包，并且帮助孩子对比这个书包和前一个商场里同类书包的质量和价钱，最终让孩子了解到有效使用金钱的必要性和重要性。

再次，在现实生活中，要时刻注意帮助孩子抵御不良的金钱观，树立正确的金钱观。

孩子金钱观的形成，不仅仅源于家庭，还源于学校。学校也是个小社会，来自不同家庭的孩子，有不同的消费习惯和消费方式，年幼的孩子，很容易受别的孩子的影响，形成不良的金钱观。父母一定要时刻注意，帮助孩子抵御不良的金钱观。

当孩子身边出现铺张浪费、喜欢消费的朋友时，父母一定要多加关注，及时教育；当孩子羡慕别的孩子的名牌书包和童装时，父母应及时告诉孩子，只要你努力学习、将来努力工作，以后也就能挣到钱，买名牌穿时装。

最后，帮助孩子树立正确的金钱观，还要让孩子明白，钱是挣出来的，财富是可以“理”出来的。

其实，孩子有欲望，想要吃零食、穿名牌并没有错，谁不想过更好的生活？帮助孩子树立正确的金钱观，并不是要求孩子们一贯省吃俭用，而是要求孩子们面对物质的诱惑，保持良好的心态。父母一定要让孩子们明白，最贵的并不见得是最好的，适合自己的才是最好的。生活的幸福不在于你是不是拥有名牌书包、名牌服装，而在于你是不是有一个温暖和睦的家庭，在于你是否通过自己的努力向更美好的生活迈进。

要让孩子明白：金钱是可以挣出来的，也是可以理出来的。送孩子一个小小的卡通存钱罐，给孩子一些可以自由支配的零花钱，告诉孩子要实现自己的梦想就要从卡通存钱罐开始，一点一滴学理财。爸爸妈妈还可以帮助孩子订立一份长久的理财计划，包括订立短期理财目标和长期理财目标，让孩子在理财过程中感受到希望和梦想，感受到快乐和成功。

家长的一言一行，都会影响到孩子。孩子的消费观念和消费行为，大都源于家长的言传身教。所以，家长要从自身做起，勤俭节约，拒绝错误的消费行为，传递正确的金钱观念。

Tips 1：错误行为之热衷攀比。

大多数中国父母，都想让自己的孩子得到最好的照顾，享受最好的生活，所以，很多父母都认为，别人家孩子有的玩具，我们家孩子也要有，甚至要更好的。长此以往，便会激发孩子的物质欲望，进而影响他们的价值观念，甚至让他们觉得，“别人有的我也要有，而且要买最好的”。所以，在为孩子买东西之前，父母应当考虑周全，不需要的东西坚决不给孩子购买，拒绝攀比。

Tips 2：错误行为之忽略价格。

许多家长认为，孩子没有必要知道商品的价格，事实上，如果忽略价格，孩子将无法接触到真实的消费行为，无法明白金钱的交换功能。所以，妈妈们要告诉孩子商品的价格，教会孩子读懂价签。

这不仅能够帮助孩子树立正确的金钱观，还能够培养孩子的学习能力和生活能力。

Tips 3：错误行为之欺瞒花费。

每个家庭有每个家庭的喜怒哀乐。当家庭出现矛盾时，孩子，就夹在了矛盾双方之间。矛盾一方或者矛盾双方，为了拉拢孩子，常常会欺瞒对方，悄悄给孩子购置物品。这种不坦诚的消费行为，会给孩子带来不良的影响。一味地满足孩子的物质欲望，会严重混淆孩子的金钱观。因此，不论家庭成员之间的关系如何，在为孩子消费时，都要开诚布公、坦诚相待，这样才不会让孩子陷在矛盾中，形成不正确的金钱观。

第四节 挣钱有“道”，花钱有“理”

我希望，可以教孩子认真地思考想要和需要的差别性，同时，慢慢让他们了解，花钱必须花得有道理。

——曾多次获保险业“奥斯卡”奖的“保险天后”李佳蓉谈教育孩子

有研究表明，“5~12 岁”是少儿理财教育的关键时期。在这个阶段，孩子的金钱观和消费观尚未形成，如果认真教育，就能够树立正确的理财观。在这个时期，如果教育孩子学会安排 10 元钱的用途，那么以后给他 100 元、1000 元，甚至更多的钱，他都能游刃有余地处理好。所以，新媳妇在将来一定要抓住这个关键时期，教会孩子挣钱有“道”，花钱有“理”。

如何让孩子明白挣钱有道?

君子爱财，取之有道。爸爸妈妈一定要让孩子明白，等他们长大后，只有靠自己的双手，靠自己的才能，靠自己的努力，才能挣到钱，才能有钱花。

要想让孩子明白挣钱有道，就要让孩子们尽早地获得工作的经验。

在国外，富豪的孩子们，大都从小做家务以获取报酬，这是最传统的，教孩子学会“挣钱”的教育方式。

摩根财团的创始人老摩根，靠卖鸡蛋和开杂货店起家，发家后，对子女要求十分严格，规定孩子每月的零花钱，都必须通过做家务来获得，于是孩子们都抢着做家务。最小的孩子托马斯，因为老抢不到活干，连每天买零食的钱都挣不到，只好节省开支。老摩根知道后，鼓励托马斯：“你应该多想想，怎么多干活，才能多挣钱。”于是，托马斯想了很多干活的点子，零花钱也渐渐多了起来。

中国的妈妈，常常怕孩子辛苦，不让孩子做家务，养出了一大批“油瓶子倒了都不扶”的“小皇帝”、“小公主”，这是极不正确的教育方式。其实，家务劳动不仅不会累坏孩子，还能够帮助孩子尽早获得工作经验，体验到工作的乐趣。妈妈可以与孩子签订家务劳动薪酬协议，让孩子通过自己的劳动获得收入。摆碗筷、刷锅碗、倒垃圾、洗袜子、擦皮鞋，诸如此类的家务，都可以订入劳动协议。这样的劳动协议，不仅可以帮助孩子们自立，还可以让他们体会到劳动的乐趣，学会尊重别人的劳动成果、珍惜钱财。

在与孩子签订了劳动协议之后，还要让孩子明白，不是所有的工作，都要有报酬，不是所有的劳动，都是用金钱来计价。比如帮妈妈拿衣架，帮爸爸拿拖鞋，帮爷爷奶奶挂大衣等，都是家庭生活的重要部分，是关心体贴的重要表现，是不能够纳入劳动协议的。而在社会上，还有很多志愿活动、公益劳动，也是不能够用金钱来衡量的。

如何让孩子懂得花钱有“理”?

花钱有理，首先要培养孩子良好的消费习惯。

科学家表示，儿童时期的理财方式往往会跟随一个人的终生。孩子小的时候，占有欲强烈，不懂得节制，家长必须通过不断地引导和教育，帮助其树立正确的消费观。

在现实生活中，很多孩子一进超市、商场，就跟父母要这要那，如果家长不能够满足孩子的要求，孩子就会哭闹，甚至赖着不走。对于孩子这些奢侈浪费、没有消费观念的行为，妈妈们应当从小预防并及时杜绝。妈妈们一定要让孩子及早明白，财富并不是天上掉下来的，金钱来之不易，该花的钱一定要花，不该花的钱坚决不花。

其次，要让孩子从小学会理财。

在西方发达国家，绝大部分家庭从孩子很小时，就开始对其进行理财教育。普遍适用的少儿理财教育课程为：3 岁，教孩子辨认硬币和纸币；4 岁，教孩子明白，我们无法把商品统统买回家，必须在购买时作出选择；5 岁，教孩子认识钱币的等价物，例如 25 美分可以打 1 次投币电话等；6 岁，教孩子知道钱是怎么来的；7 岁，教孩子学会找零钱；8 岁，教孩子看懂商品的价格标签；9 岁，教孩子明白，可以通过做额外工作赚钱，比如替妈妈洗碗、替爸爸擦皮鞋，并学会把赚到的钱存到储蓄账户里；10 岁，教育孩子学会单独制订个人 1 周开销计划，并且学会在购物时比较价格；11 岁，教育孩子懂得每周节省一点儿钱，以备在有大笔开销时使用；12 岁，教孩子单独制订并执行 1 个月的开支计划，教孩子懂得并正确使用银行业务中的术语，比如银行卡、活期存款、定期存款等。这套理财教育课程，值得中国家长学习借鉴。

在中国，教孩子学理财，还有一个很好的途径，就是帮孩子存压岁钱。每年春节之后，帮孩子把压岁钱存进银行，然后让孩子记住自己存下的钱究竟有多少，1 年以后，让孩子明白自己在银行里存的钱增多了一些，增多的部分，就是利息，也就是“钱生出的钱”。

第五节　筹备教育基金，越早越好

教育金储备，主要有教育储蓄、基金定投和保险三种方式投资方式。

21 世纪什么最贵，人才最贵！在这个“知识就是财富”的新时代，教育已经成了最热门的话题。而对家庭来说，教育支出，也逐渐成为家庭消费的重要部分。从孩子进幼儿园、报兴趣班，到九年制义务教育，再到高中、大学，需要投入大量资金。培养一个孩子，就是一项巨大的工程，所以，对新媳妇来说，筹备教育基金，越早越好。

什么是教育基金？

所谓教育基金，是指父母从孩子很小的时候开始，为孩子开设一个基金账户，每个月存入一笔钱，等孩子到了一定的年龄，这份教育基金就累积到了一定的数值，并获取了可观的收益，这样，父母就可以用这份教育基金来支付孩子的大学费用，以及其他教育费用。孩子越小，投资越早，教育基金的目标就越容易实现。

一般情况下，筹备教育基金的方式主要有以下三种。

第一种：教育储蓄

它是指家长按国家有关规定，在指定银行开户、存入规定数额资金、用于教育目的的专项储蓄，也就是一种专门为学生支付非义务教育所需教育金的专项储蓄。教育储蓄采用实名制，开户时，储户要持本人即学生的户口簿或身份证，到银行以储户本人即学生的姓名开立存款账户。到期支取时，储户需凭存折及有关证明一次支取本息。

作为长期教育金的积累方式，妈妈应选择三年期、六年期教育储蓄存款。这是因为，在同一存期内，每月约定存款额度越小，续存次数就越多，计息的本金就越少，计息基数就越低，所得利息与免税优惠就越少；反之，计息金额越多，计息基数越高，所得利息与免税优惠就越多。

第二种：教育基金定投

前些年，许多家长喜欢将教育储蓄作为储备家庭教育基金的有效方法，但近几年，随着物价的持续增长，教育储蓄利率的不断走低，再加上教育储蓄的金额限制，教育储蓄已经不再是家庭为子女筹备长期教育金的最佳投资方式。当下的父母，更多的投资于收益较高的基金产品，其中最受欢迎的是基金定投。

妈妈可以一次性购买两支基金，每月直接从工资账户转账定投，既节省时间又节省精力。另外，还可以以存款形式准备教育储蓄金，这种“由小积大”的方式虽然收益保守，但比起其他理财产品，风险几乎为零。

当然，妈妈还可以根据实际情况，将前两种方式相结合来筹备教育基金。例如，孩子初中的学费，可以考虑通过教育储蓄积累；高中和大学的费用，则可以通过投资基金，来实现资金的保值和增值。

第三种：教育金保险

教育金保险，又称少儿教育险，它是通过“返还＋返利”或“返还+分红”形式定期返还的强制性储蓄。少儿教育险，除了初中、高中和大学的教育基金以外，还包括了参加工作以后的创业基金。教育金险大多为分红险。

不过，妈妈在购买教育金保险时须注意：交保费如同买房子，相同的保额，缴纳时间越长，交的总保费就会越多，缴纳时间越短，每年交的保费就越多。一般来说，对于30多岁的父母，选择10年或者15年的缴纳期限比较合适。

由于涉及投资风险，家长在筹备教育基金时应注意以下几点：

Tips 1：孩子幼儿时期少做风险投资。在孩子还是幼儿时，家庭的风险承受能力相对较弱，投资理财时注意稳健和控制风险，高风险和不稳定的投资尽量少做。

Tips 2：讲究投资效率并力求满足孩子成长需求。理财计划要有中长期规划。孩子从幼年到成年大约经历20年的时间，针对孩子的理财规划，在选择投资品种上，既要注重投资效率，还要追求稳健，以便及时满足孩子在成长的各个阶段所需要的消费。

Tips 3：理财方式避走两极端。在理财方式以及理财品种上，避免走两个极端。如果投资太保守，靠攒钱、储蓄筹备教育基金，那么资金增长的比率可能还抵不上物价上涨的比率。但也不能走另一个极端，还要确保投资的安全和稳定。

子女的教育问题，是家长重大的责任。为自己的宝贝筹备教育基金，是家庭理财的重要组成之一。及早为孩子筹备教育基金，是每位家长义不容辞的责任。

第六节　培养孩子驾驭金钱的能力

明智的父母不会排斥孩子用钱，而会教孩子如何驾驭钱。

以前，有钱人家的孩子怕被绑票；现在，家长担心孩子被金钱“绑架”。什么东西都是贵的好，什么东西都要名牌……金钱左右了一些孩子的认识与判断。各种“金钱绑架”事件愈演愈烈，疼孩爱娃的家长却无可奈何。要从根源上预防孩子被金钱“绑架”，就要培养孩子驾驭金钱的能力。

为什么必须培养孩子驾驭金钱的能力？

有调查显示，城市中小学生，90%左右都有零花钱，每人每月从几十元到几百元不等，再调查这些未成年人对金钱的认识和使用情况，我们难免忧心忡忡。

首先，许多家长并没有告诉孩子真实的家庭经济状况，富裕的家庭也没有告诉孩子父母创业的艰辛。于是，当下的中国儿童，很多都不懂得什么是节俭，花钱大手大脚，由着自己的性子随意花钱。

其次，某些社会舆论对拜金主义的过度渲染，尤其是对明星、大款等有钱人“挥金如土”的生活方式的推崇，使孩子在潜移默化中，养成了奢侈享受的生活习惯。

再次，许多家长并没有正确引导孩子消费，任由孩子在相互攀比中、在商品广告的诱导下，自行决定消费行为，这很容易导致他们陷入盲目消费、高档消费、炫耀消费的误区。

最后，孩子获取金钱的欲望，得不到有效制止。中国很多父母过度溺爱孩子，许多孩子都是在“衣食无忧”的环境里成长的，他们想要什么家长就给买什么，这种状况很容易导致严重的后果：也许未来有一天，父母的给予无法满足孩子日益膨胀的欲望，他们很有可能会以违法的手段，去获取钱财。

因此，妈妈一定要教孩子学会正确对待金钱，正确驾驭金钱。只有当孩子们知道自己可以花多少钱，怎样花这些钱，才能够把握好金钱，而不被金钱左右。

怎样培养孩子驾驭金钱的能力？

首先，要训练孩子有计划地使用零花钱。

在理财教育欠缺的家庭，父母给多少孩子花多少，花完了再找大人要。结果是孩子花钱越多越觉得不够花，越来越没有节制。所以，零花钱使用的计划性很重要。这个计划最好在给钱的时候制订，妈妈们只提出原则，具体内容则由孩子全权负责，妈妈们不直接干预，但要监督、检查。教孩子使用零花钱，是指让孩子学会预算、节约和自己做出消费决定。父母对孩子的监督检查是控制其消费的“安全阀”，可以防止孩子乱花钱，还可以培养他们的节俭意识。

其次，给孩子的金钱数额，应当在孩子有能力支配的范围之内。

无论孩子的年龄有多大，无论家庭的经济条件如何，为孩子花钱都不要不加节制，给孩子多少零用钱一定要心中有数。零花钱的多少并没有一个定值，主要依据孩子的年龄及其一周的消费预算来确定。对于过年的压岁钱、过生日、过节时长辈给的钱，如果超出了孩子平时零用的数额，妈妈们应建议孩子把钱存入银行，或者帮助孩子购买一件必需的大件物品，千万不能任其无节制地使用。

再次，对孩子进行模拟成人生活开支的训练。

对许多孩子来讲，家里没有太多的生活开支需要他们承担，但当他们长大后，需要自己付房租、水电费，买食物和衣服以及支付交通费用时，常常会因缺少经验而束手无策。为了帮助孩子做好生活准备，到孩子年纪大一些时，可以让他自己购买日用品，为家里买菜、交电话费等。一旦孩子成熟了，家长还可以翻开账簿，告诉他家中的钱是怎么花的，以帮助孩子了解该如何掌管家庭的“财政”。对于自理能力较强的孩子，妈妈们还可以在孩子的暑假或者寒假，将全家的日常生活交由孩子管理，让他负责一日三餐和生活消费的控制和管理。

第七节　培养孩子的理财专长

不同的孩子有不同的特点，未来准妈妈应该根据孩子的个性，培养其理财专长。

父母都希望自己的孩子有一个美好的未来，所以，很多父母从小就开始培养孩子的特长，期望他将来能够有一技在身。培养孩子的理财专长也一样，只有有了专长，才能够在未来的生活中，理财成功、衣食无忧。

如何培养孩子的理财专长？

不同的孩子有不同的特点，妈妈应该根据孩子的个性，培养孩子的理财专长。理财专长主要包括以下三种：

第一类，赚钱专长。

有的孩子天生就对赚钱很感兴趣，比如从小就喜欢收集家里的废旧物品，用来换零钱，或者喜欢收集邮票、批发作业本零售给同学，那么，不妨因势利导，培养孩子的赚钱专长。

在瑞士，从小学开始，家长和学校就开始培养孩子的赚钱能力。瑞士的学校会定期组织模拟市场，让学生从家长那儿“进货”，然后拿到学校来卖。至于进什么货，就全看孩子的赚钱天赋和父母的理财培养了。有些孩子见同学都进些吃的、喝的，他就另辟蹊径，进些小玩意，这种孩子就比较具有赚钱的天赋，因为他知道什么才是“抢手货”。每逢节假日，瑞士的学校都鼓励中小学生拿着自制的小食品和手工艺品，到集市或大街上叫卖。还有些瑞士父母，常常给周末到集市去叫卖的孩子出“绝招”，建议孩子们“薄利多销”。

在美国，理财教育被称为“从 3 岁开始实现幸福人生的计划”。美国人鼓励孩子从小就去打工赚钱，教导他们通过正当手段获取收入。

可见，国外的家长从小就开始培养孩子的赚钱专长，中国的父母，也要不断引导、培养孩子的赚钱专长，让他们从小就学会赚钱。

第二类，守钱专长。

有的孩子性格比较保守，渴望安全感，这样的孩子比较适合储蓄。据报道，长沙市某小学一名 10 岁的五年级女生，竟攒有 20 多万元巨额“零花钱”，而像她一样，存款在万元以上的，一个 45 人的班级里，竟有 7 人。可见，守钱专长也很重要，守好了金钱，财富也无穷。

在英国，有 1/3 的儿童将他们的零用钱和打工收入存入银行。英国政府最近又公布了一项新的教学改革计划，即从 2011 年秋季开始，储蓄和理财将成为英国中小学学生的必修课——孩子从 7 岁开始，就要学习管理自己的钱，学习管理银行储蓄账户，做好支出预算。

在日本，很多家庭，每个月都给孩子一定数量的零用钱，家长会教育孩子节约使用零花钱，并教孩子储蓄每年的压岁钱。在孩子渐渐长大一些后，一些家长会要求孩子记录每个月的零用钱收支情况。

国外妈妈的经验，值得中国妈妈学习。妈妈要不断地鼓励自己的孩子，培养他们的守钱专长，让他们从小学会存钱、储蓄。

第三类，投资专长。

有的孩子天生喜欢冒险，敢拼敢闯，这样的孩子，妈妈们不妨带他们从小学习投资知识和投资技巧，教他们学会风险管理。

犹太人会送股票给刚满周岁的小孩，这就是为什么犹太人被称为世界上最会赚钱的人，因为他们从小就开始投资，开始理财。投资是门大学问，对于孩子来说，股票、基金、债券，未免过于深奥，不过新媳妇们不用担心，循序渐进、耳濡目染，孩子就会对投资渐渐产生兴趣，渐渐有所了解。

现在，有各种电脑游戏，可以帮助培养孩子的投资专长，比如“大富翁”游戏，就有投资、置地等相关情节，父母可以从游戏说开去，给孩子介绍简单的投资知识。妈妈们也可以常常带孩子们到证券交易所去，告诉他们大屏幕上红红绿绿的文字和数字的含义。

当然，并不是每个孩子都对“钱”感兴趣，如果你的孩子对“钱”实在不感冒，也不必过于强求，只要教给他们简单的理财知识，培养他们基础的理财观念即可。

第八节　让孩子参与制订家庭理财计划

家庭理财：让孩子参与家庭理财的重大决策。

——“理财规划师国家职业标准”创始人刘彦斌

有人说，家庭理财就像“木桶打水”，少了哪块木板，都打不上来“水”。孩子作为家庭的一份子，自然也有权利和责任参与到家庭的理财计划中来。让孩子尽早了解家庭的日常收支，了解家庭的财务状态，孩子才能够更好地学会理财，更好地体谅父母，更好地畅想未来。

如何让孩子参与制订家庭理财计划呢?

首先，让孩子了解家庭财务状况。

全家每个月的收入是多少，支出是多少，家长不妨和孩子一起做本收支账。很多家长觉得，让孩子知道家庭收入并不好，没必要告诉孩子家庭支出，事实上，让孩子对家庭收支有所了解，比直截了当告诉孩子哪些钱该花、哪些钱不该花要有效得多。孩子自己心里有个小账本，也会更加积极地参与制订家庭理财计划。

其次，妈妈们要引导孩子建立自己的收支小账本。

引导孩子建立小账本，帮助孩子把父母给的每一分钱都记下来，把花出去的每一分钱都记下来，然后，协助孩子一起检查哪些钱是不必花的，哪些钱花得物有所值，并且将这也作为家庭理财计划的一部分，让孩子树立起家庭主人翁的意识。

再次，在家庭购物时，妈妈们可以适当征求孩子的意见。

不要认为孩子的意见不重要，在家庭购物时，妈妈们可以适当征求孩子的意见，只有这样，才能让孩子充分意识到自己的责任感和重要性。比如在购买家电时，可以与孩子一起分析各种商品的价格、质量、售后服务等，并结合家庭的实际需要，请孩子来做合理的判断，最后由家长做决定。

许多家长总认为“孩子太小，他能做什么决定”，其实不然，教孩子理财，就是教孩子如何生活。让孩子参加家庭生活的重大财务决策，会让孩子觉得自己是家庭的一员，自己很受父母的重视，这样，孩子也会主动理财、勤俭节约。家长千万别老拿孩子当小孩儿，别以为孩子什么都不懂。信息社会，就算你什么都不告诉孩子，孩子也能通过其他渠道了解理财知识，揣测家庭财务，与其让孩子了解不合时宜的理财知识，不切实际地揣测家庭收支，不如按部就班地引导孩子正确理财，让孩子从小就做家庭的“小当家”，参与家庭理财计划，早早学习持家之道、理财之术。

第九节　给孩子自主理财的机会

自主理财，就意味着让孩子自己管理自己的钱。

俗话说，实践重于理念。教孩子学会理财，就要给他们自主理财的机会。在日本、韩国，让孩子自主安排零花钱，被家长视为培养孩子理财意识的重要途径。在美国，大部分家长，从孩子三四岁开始，就让孩子自己管理零花钱。而在中国，如今的孩子都有零用钱，特别是春节，还有压岁钱可供支配。对孩子来说，零用钱就是他们的第一笔“财产”，因此，学会支配零用钱，是孩子理财的第一步。新媳妇们要做的，就是放开手，给孩子自主理财的机会，让孩子自己去支配金钱。当然，这里的“放手”，并不是指放任不管，而是指不强制管理，只适当引导，确保孩子的理财自由。

家长应该如何引导，才能在给予孩子自主理财机会的同时，确保他们能够正确理财？

首先，引导孩子存钱。

自主理财，就意味着让孩子自己管理自己的钱。在给孩子自主理财的机会时，许多父母存在两种极端：一是认为既然是给孩子的，就应该由孩子说了算，随便他怎么花；二是怕孩子乱花，在旁边强横干涉。这两种做法都是不正确的，父母应当帮助孩子树立正确的理财观念，然后引导孩子自主理财。

自主理财的第一步，就是储蓄。妈妈可以为孩子开设一个账户，鼓励他把“收入”存入银行，并且告诉他，这些钱将来会用作他的学费，或者在爷爷奶奶生日时取出部分买礼物。此外，妈妈还要协助管理，帮助孩子了解储蓄、收益等基本的理财知识。

其次，鼓励孩子自己购物。

现在，很多家长都越俎代庖，什么都觉得孩子做不好，什么都代孩子去做，以至于孩子总觉得东西是妈妈买来的，想要什么妈妈就会给买什么。因此，在孩子自主理财的时候，不如鼓励他们自己去选购喜欢的商品，并且自己去付款，这样既能帮助孩子了解金钱的实际价值，又能锻炼孩子的胆识，还能让孩子学会在众多诱惑面前精打细算，买到自己最喜欢、最需要的物品。

再者，定时定量发放零花钱。

设定一个规律的周期，每个周期发放一定数量的零用钱，比如 1 周发 1 次，每次发 10 元或者 20 元。这种方式既不至于因为“放手”而导致孩子高消费、乱花钱，也能够通过有规律的定量定时发放零花钱让孩子懂得统筹安排财富。它既可以培养孩子节约用钱的理财习惯，又给了孩子充足的机会去自主理财。只是别忘了告知孩子，如果需要额外用钱，可以与家长协商，这样，还能锻炼孩子协调人际关系的能力。

另外，引导孩子尝试自主理财。

家长应该鼓励孩子去尝试各种自主理财方式，比如银行卡消费积分、银行储蓄、投资等。这样不仅提高了孩子理财的积极性，还会让他主动学习理财知识，认真了解各种理财工具。新泽西银行的创始人法尔瓦诺在他的独子 8 岁时，就教他如何管理自己的大学教育基金。而现在，银行储蓄、基金定投、买保险都已经成为家长引导孩子打理压岁钱的有效途径。有理财师建议，进行基金定投时，可以带孩子一起听取银行理财师的建议，等孩子明白基金定投的概念后让自己选择基金公司，以培养他们自主理财的兴趣。

最后，鼓励孩子尽早涉足“工作”。

当孩子开始谈论将来他们如何赚钱时，家长可以鼓励孩子从做家务活开始涉足“工作”，当孩子拿到自己的汗水钱去使用时，就会更自觉、更合理地消费了。但要记住一条重要法则：付给孩子的工资要严格按照市场价格，千万不能给孩子过多的工资，不然将不利于孩子形成正确的金钱观。而这部分赚来的钱，孩子更有资格进行自主理财，而且因为是自己赚来的钱，他们也会更加珍惜自主理财的机会。

给孩子自主理财的机会，究竟对孩子有什么帮助呢?

第一，让孩子自主理财，可以教会孩子合理分配资金。

不要以为给孩子自主理财的机会，他就一定会大手大脚。有些孩子，在父母为他买东西时，总会挑选最贵的买，而一旦他自己有了零花钱，自己开始负责给自己买东西时，他就会很快懂得：如果买便宜的，就可以多享受几次。

第二，让孩子自己管理“收入”，还可以让孩子懂得更多的金融知识。

给了孩子自主理财的机会后，在父母进行投资理财时，孩子就会主动要求了解各种理财知识；在日常生活中，孩子还会主动要求学习各种金融知识。比如，出去旅行时，给孩子一点钱自己买东西，他很快就发现了不同地方的物价差异，甚至可能会弄清汇率。

第三，让孩子自主理财，可以培养孩子的主观能动性，把理财当成一种习惯。

给孩子自主理财的机会，能够培养孩子的主观能动性。比如，父母不给孩子买卡通玩具，孩子就必须用自己的零用钱去购买，如果孩子的零用钱没有攒够，他就必须暂时克制自己的购买欲望，等零用钱积攒得更多些再去购买。时间长了，孩子的目标会越来越清晰，理财意识也会越来越强。如果孩子克制不住，花了一些钱，他就要学会对自己负责，对是否能攒够钱买卡通玩具负责。这样时间长了，孩子就会把理财当成一种习惯，这对他未来的人生，有极为深远的影响。

第十节　让孩子享受快乐理财的过程

理财有乐趣，孩子才积极。

只有感受到快乐，孩子才会自愿去理财。那么，怎样才能让孩子体验到理财的乐趣呢？这就需要妈妈们明白：教孩子理财，并不是单纯地控制消费、节省开支，而是要把孩子引向有序理财，引向快乐消费。

首先，让孩子拥有自己的钱。

既然要教孩子学理财，就要让他拥有自己的钱。只有让孩子拥有自己的钱，孩子才会有理财的意识。只有让孩子拥有了自己的钱，拥有了理财的基础和动力，他们才能够更积极地理财，更快乐地享受理财的过程。

其次，不减少孩子的零花钱。

让孩子享受理财的过程时，一定要注意，不能因为孩子通过合理计划适当理财，节省了零花钱，就相应减少孩子零花钱的数量，相反，应该对孩子的良好表现进行褒奖，让其体验到合理使用零花钱所带来的快乐。孩子“理”出来的零花钱，可以引导孩子储存起来，只有这样，孩子才能看到自己理财的成果，才能感受到理财的乐趣。

再次，给予孩子支配压岁钱的“合法权益”。

在孩子很小时，父母可以替孩子保管压岁钱，随着孩子渐渐长大，父母应该把孩子的压岁钱交给孩子自己管理。既然已经决定让孩子学习理财，就给他充分的支配权。妈妈们要做的，就是引导孩子合理使用好压岁钱。比如，让孩子将压岁钱存进银行，收取利息，他一定非常积极、非常开心；或者用压岁钱买一本书，让他感受有效消费的乐趣所在。

另外，让孩子在无压力状态下学习理财。

教孩子学习理财，应该顺其自然。如果孩子有兴趣学习理财，可以从理财故事入手，教孩子学习理财。如果孩子对理财实在没兴趣，也不必强求，只要教给孩子基本的理财知识就足够了。

最后，让孩子把“理”出来的钱，投入到有意义的事情中。

当孩子“理”出来的钱越来越多时，妈妈们可以教导孩子，把这些钱投入到有意义的事情中。比如捐款给灾区儿童，给爷爷奶奶买礼物，给附近的孤寡老人买米、买面，让孩子体验帮助他人的那份愉悦，这样，既能让孩子养成理财习惯，又能让孩子快乐助人。

教孩子学理财，一定要认真，说到就要做到，要有耐心，只有这样，才能让孩子充分感受到理财的乐趣，享受理财的过程。

Tips 1：零用钱按时按量发放。如果规定了发放零花钱的日期，并且规定了不许预支，就一定不能拖拉，不能含糊，该何时发就何时发，该发多少就发多少。假如妈妈不守信用，孩子就很难畅快理财。

Tips 2：教孩子学习理财要有耐心。孩子还小，习惯了“想干嘛就干嘛”，所以，妈妈们一定要有足够的耐心，不能心情烦躁、情绪不稳，更不能否定孩子、斥责孩子，否则，孩子就会对理财产生逆反心理。这样，孩子才能快乐理财，乐享财富。

后 序

中国有句老话：吃不穷，穿不穷，算计不到就受穷。所谓算计，也就是理财了。对咱们新时代的新女性来说，婚前“月光女”，一人吃饱，全家不饿；可婚后，为人妻、为人媳、为人母，嫁入一个新生家庭，就要处处与“钱”打交道，就得学习做“理财婆”了。不过，对于现阶段新媳妇主力军的80后媳妇来说，生在红旗下，长在新中国，真正居家过日子却并不是很擅长，特别是涉及“家庭理财”部分，更是“丈二和尚摸不着头脑”。

前段时间应邀参加一位朋友的婚礼。新婆婆笑呵呵地喝完媳妇茶就讲起了“新媳之道”，别的一带而过，就理财这一条足足说了半个钟头。有人问这位婆婆，为什么把理财看得如此重要。新婆婆郑重其事地说：“会理财的女人，才会持家。”仔细琢磨这句话，不无道理。一个女人，有理财之心，就有全心服务家庭的心意；有理财之长，就能在柴米油盐中把日子过得红红火火。这不就是“会持家”吗？新媳妇战战兢兢地接过红包，似乎对自己理财并没有多大信心。新婆婆绷着的脸瞬间笑成一朵花：“放心！媳妇，有我这位经验丰富的婆婆在呢！”

或许此刻即将成为或已经荣升为新媳妇的你挺羡慕这位幸运的新媳妇，如果自己能有这样一位“理财能婆婆”，那该多好。不过新媳妇无须担心，这本《新媳妇理财枕边书》正是专门为新媳妇们打造的。我们会让不会理财的你，婚后成为理财能手；让会理财的你，一举跃为理财高手。

本书涵盖的理财内容广泛、理财知识丰富，从“理财新手学理财”，到“与老公一起学理财”，更包括了指导新媳妇如何带领全家人一起理财谋幸福。新媳妇们，这本书将不仅仅教会大家如何去打理财务，更是在理财的细节中让你们学会如何做一位好妻子、好媳妇、好母亲。

在完成这本书的过程中，我与许多新媳妇打过交道。与多数理财新手一样，部分新媳妇认为，一个家庭，只能在有足够积蓄的情况下，才有资格谈理财。殊不知，无论家庭收入多或少，新媳妇们只要合理分配每月的收入与支出，做到“积谷防饥”，就能从温饱逐渐走向小康。那些白手起家的百万富翁、千万富翁、亿万富翁，不就是最好的例证吗？在创业初期，他们就有了理财意识，靠每天一分一毛的积累，逐渐拥有了创业的第一桶金。试想，没有一至十的积累，怎会有十至百、百至千，甚至是千至万的积聚！相信通过这本书，新媳妇可以了解到：储蓄不在于多少，而在于坚持。哪怕你每天、每月、每年积累的都只是一笔小钱，也要相信“集腋成裘，聚沙成塔”的道理。更何况，新媳妇嫁入新生家庭，过的就是小日子，花的就是小钱，理的也只是小财。

理财书在手，生活乐无忧。新媳妇们，这本书将教会您和您的家人如何理财！理财，展开了讲，就是十二个字：勤俭节约、积极储蓄、不断投资。然而，在这个世界上，能够真正懂得并且灵活运用理财的十二字箴言的人，少之又少。这个世界充满了因为不会理财而穷困潦倒的穷人和因为理财不慎而破产负债的富人。

所以，一定要培养正确的理财观念，一定要把理财作为生活的一部分，用理财贯穿人生的始终。你不理财，财不理你，财富就来自简简单单两个字：理财。

本月收入

项目	金额	进账日
收入合计	0.0	

投资收益

项目	金额	进账日

其他收入

项目	金额	进账日

实物收入

项目	金额	进账日

本月固定支出

项目	金额	进账日
家用		
水费		
电费		
瓦斯费		
房款（买 / 租）		
固定支出合计		

本月生活费

项目	金额
伙食费	
交通出行	
日用杂费	
化妆保养	
治装费	
教育费	
聚餐 / 娱乐	
喜庆交际	
美发费	
网络通讯	
医疗保健	
旅行	
其他	
生活费活计	

本月收入总计

本月支出总计

本月余额

累计余额

本月重大事件